《致敬新时代纺织英才》编委会

（按姓氏笔画排序）

主　任　李陵申

主　编　姜　川

副主编　王汉东

编　委　方祎铭　杨　爽　邹晓雯　陈　思

致敬新时代

纺织英才

中国纺织现代化
体系建设的重要动能

纺织人才交流培训中心 编

中国纺织出版社有限公司

内 容 提 要

为有力助推纺织人才队伍建设，赋能纺织行业高质量发展，中国纺织工业联合会纺织人才交流培训中心编辑《致敬新时代纺织英才——中国纺织现代化体系建设的重要动能》。

本书汇集了53位纺织人在纺织行业高质量发展中的经历与故事，正是他们这些坚持实业报国、奋发进取、勇于担当、追求卓越的优秀纺织人的努力与奉献，中国纺织工业才有实力和潜力成为率先跨入强国的先导行业。本书的出版，旨在激励更多人投身于纺织现代化体系建设，为实现中华民族伟大复兴的中国梦贡献力量。

图书在版编目（CIP）数据

致敬新时代纺织英才：中国纺织现代化体系建设的重要动能 / 纺织人才交流培训中心编 . —— 北京：中国纺织出版社有限公司，2024.3
ISBN 978-7-5229-1506-7

Ⅰ . ①致… Ⅱ . ①纺… Ⅲ . ①纺织工业－人才培养－研究－中国 Ⅳ . ① TS1-4

中国国家版本馆 CIP 数据核字（2024）第 048816 号

责任编辑：郭 沫 责任校对：高 涵 责任印制：王艳丽

中国纺织出版社有限公司出版发行
地址：北京市朝阳区百子湾东里 A407 号楼 邮政编码：100124
销售电话：010—67004422 传真：010—87155801
http://www.c-textilep.com
中国纺织出版社天猫旗舰店
官方微博 http://weibo.com/2119887771
北京华联印刷有限公司印刷 各地新华书店经销
2024 年 3 月第 1 版第 1 次印刷
开本：710×1000 1/16 印张：12.75
字数：217 千字 定价：198.00 元

序 言

　　党的二十大报告指出，"教育、科技、人才是全面建设社会主义现代化国家的基础性、战略性支撑"，中国纺织工业联合会发布的《建设纺织现代化产业体系行动纲要（2022—2035年）》中七项行动之一就是支撑现代化发展的纺织人力资源保障行动。人才是最宝贵的资源，是加快建设现代化产业体系的基础性、战略性支撑。要认识、适应、引领中国人口发展新常态，构建高水平的人才培养体系。加强科技、教育、人才"三位一体"融合发展，塑造素质优良、总量适当、结构优化、分布合理的现代化人力资源体系。

　　中国式现代化的核心是人的现代化，产业人才的现代化水平决定着产业体系现代化的质量。我们要对接中国式现代化需要和现代产业体系要求，以更大力度、更实措施，打造一支有理想守信念、懂技术会创新、敢担当讲奉献的宏大的纺织产业人才队伍。

　　一是要凝心铸魂聚人，引领广大职工听党话、跟党走。要以习近平新时代中国特色社会主义思想指导行业职工队伍发展，增强广大职工为实现中国式现代化团结奋斗的信心和决心。以学习贯彻习近平新时代中国特色社会主义思想主题教育活动为契机，形成统一的思想、坚定的意志、协调的行动、强大的战斗力。开展分众化、差异化、精准化的宣传宣讲，推动党的创新理论进企业、进车间、进班组，巩固团结奋斗的共同思想基础。加强和改进职工思想政治工作，多做统一思想、凝聚人心、汇聚力量的工作，引导广大职工不断增强"四个意识"、坚定"四个自信"、做到"两个维护"。适应当代职工队伍的新变化新特征，创新工作方式和载体，增强工作实效、融汇行业力量。我们要守正创新育人，激发广大职工的创新创造潜能。纺织英才是支撑中国制造、中国创造的重要力量。我们要对接纺织现代化产业体系的要求，以高端化、融合化、智能化、绿色化为方向，加强产业人才能力建设。稳定产业人才队伍规模、提升发展质量，着力培养行业领军人才、高端创新人才、专业技术人才和职业技能人才。加强行业职业教育、继续教育、普通教育的有机衔接，形成产学研用相结合的协同育人模式；以班组为载体，通过思想、技艺、精神传播、共享与传承保障产业发展的人才永续；不断丰富培训工作的载体和手段。继续组织开展各种形式的劳动技能竞赛，持续创新竞赛形式、提高竞赛质量、推广竞赛成果，培养更多的"行业技术能手"。

二是要以点带面树人，营造见贤思齐、努力奋斗的风尚。精神激发奋斗意志，榜样蕴藏无穷力量。要坚持尊重劳动、尊重知识、尊重人才、尊重创造，进一步激发见贤思齐的正能量。梳理和总结经验、创新和丰富方法，持续完善发现培育、选拔推荐、评选表彰、落实待遇等工作机制，推动更多先进集体和个人竞相涌现。引导企业建立劳模和工匠人才创新工作室，加强职工创新成果展示交流，弘扬精神、传承技艺、示范引领。强化宣传引导，大力表彰和弘扬先进事迹、突出贡献、优秀品格、卓越成就，形成尊重先进、学习先进、爱护先进、赶超先进的氛围。讲好行业故事，激励更多劳动者特别是青年一代走技能成才、产业报国之路。

三是要真抓落实为人，切实保障广大职工的合法权益。要提高人本价值，将全面发展贯穿产业工人队伍建设始终。推动落实落细就业优先政策，加强对职工就业形势的动态监测和分析研判，聚焦重点群体，加大就业帮扶和就业培训力度，促进实现更高质量和更充分的就业与创业。要解决好职工群众的核心关切，让改革发展成果更多、更公平地惠及劳动者。推动行业健全完善多劳多得、技高者多得的分配格局，引导职工技能和创新要素参与收入分配，着力增加劳动者特别是一线劳动者报酬。不断深化和丰富行业社会责任工作，实现好、维护好、发展好行业劳动者合法权益。要持续加强困难职工权益保障，加大送温暖和困难帮扶工作力度，推动解困脱困与提升职工生活品质有效衔接。进一步畅通技能人才职业发展通道，为职工创造普惠性、公平化、个性化的能力提升机会，帮助广大职工实现全面发展。要在行业中广泛宣传劳动法律法规及制度政策，引导强化企业工会建设，维护劳动者合法权益。

万里云天，唯有进取；无限风光，只在登攀。以中国式现代化全面推进中华民族伟大复兴的新征程已经开启，让我们顺大势、合众力，共创锦绣未来。

中国纺织工业联合会副会长　李陵申

2024年2月

目 录

领跑中国男裤　立志全球裤王

九牧王股份有限公司董事长　林聪颖

　　站在办公室落地窗前，望着不远处的潮涨潮落，九牧王股份有限公司（以下简称九牧王）董事长林聪颖雄心依旧。"我要的是把一口井挖十米宽、一百米深，而不是挖一百米宽，却只有三米深。专注本行，不要太贪心。"林聪颖说。

　　正是林聪颖30余年来的专注，成就了累计销售超过1亿条男裤的九牧王，也成就了名副其实的中国男裤专家。如今，林聪颖又给九牧王立下新目标：领跑中国男裤，成为全球裤王。

林聪颖

◆ "让消费者想买裤子时就能想到九牧王"

　　"外求认知，内求使命。"这是九牧王发展战略中极为重要的思路。林聪颖解释到，外即消费者，外求认知就是让消费者想买裤子时就能想到九牧王；内求使命就是明确公司战略，将资源聚焦在把裤子做好这件事上，从面料研发到产品设计、出品等各方面保证产品质量。最终实现"九牧王=男裤专家=九牧王"，这便是九牧王战略变革中最为重要的一环。

　　林聪颖坦言，九牧王曾经迷失初心，走过很多弯路，对自身的优势没有清晰的认识和提炼，男裤的定位无形中被削弱。例如，成立至今，九牧王已经卖出超过1亿条男裤，这是原本未曾注意的；作为中国男裤标准参与制定者，九牧王积累1200万的人体数据，沉淀了六大核心优势，过去没有完全告诉消费者。

　　反思中，林聪颖决定，回归初心，夯实"男裤专家"。

　　事实上，30余年来，九牧王总能保持"每临大事有静气"的战略定力，在破解难题的过程中，持续发现机遇、腾挪空间。这种定力由来已久。林聪颖将其称为晋江人的精神，一种总能在顽强拼搏中取胜的精神。"无论是品质立市时期，还是品牌立市阶段，晋江企业的种种表现都能佐证这一点。"

林聪颖经常带着大部队走访终端。这种深入一线的调研是不计成本的。

有一天，林聪颖带着"大部队"来到武汉。虽然此时身体偶感不适，但并不妨碍他"行军"的步伐。上午7点离开酒店，凌晨2点回到酒店，同行的"90后"们直呼体力完全跟不上。

每到一家门店，林聪颖总喜欢逛两遍。在带着大部队走完第一遍后，林聪颖还会和三人小组再次来到门店。这一次，他不仅会留意门店的产品陈列，还会留心导购与消费者的交谈，就连小细节也分外留意。

武汉万象城九牧王门店的陈列，便是在林聪颖的建议下进行的调整。林聪颖将大门处的全身模特换成了半身裤模。与此同时，为了提升消费者的购物体验，林聪颖更将藏在角落的裤脚撬边服务锁定至橱窗位置。激光定位、精准量体、精细裁剪、智能锁边、动态调试、精密缝纫、循环整烫、高强定型……如今，概念店橱窗被设计为独特的裤艺服务中心。

◆ "什么事情都可以商量，只有质量是不能商量的"

走进九牧王总部，男裤长城映入眼帘，一条条板型不同、面料各异的裤子错落有致地蜿蜒排列，让人恍若时空倒流。

销售额超过1亿元的重磅麻纱王系列西裤、全国畅销超200万条的小黑裤、极具特色的双包芯"高弹牛仔裤"、颇受欢迎的抗皱工装裤……这座3米长的裤模长城里，集中了数百件特色男裤。一条条男裤呈现着九牧王孜孜不倦追求产品工艺与设计的匠心，承载着九牧王业精于勤积累1200万人体数据的诚意，见证了九牧王30余年心无旁骛做好每一条裤子的坚守。

"什么事情都可以商量，只有质量是不能商量的。"这是林聪颖的品质观，也在九牧王30余年的持续发展中，被企业上下一以贯之。

这份决心，从针脚落下的那一刻便开始了。

"专业好品质"是九牧王从创立之初就确立的企业基调，30余年来始终坚持这样的初心和信念，放在全球也是少有的。得益于此，当有残次品出现时，九牧王掌舵人无法容忍，作出了震惊众人的举动。

那是1999年4月的一天，九牧王董事长林聪颖像往常一样到车间检查，正好一批成品裤刚被生产出来，即将被运往市场销售。林聪颖随手拿起一条检查，结果发现裤子的臀部裁剪细节处存在针脚长短偏差，上身后会影响美观。他立即对该批次的所有产品进行检查，结果发现100多条都存在类似问题，当即决定：将这些次品裤子当众焚毁。

大火烧掉了产生次品的不良作风，却让九牧王的品质骄阳冉冉升起。"火烧次品裤"后，九牧王每位员工都成为质检员，全员品质管理的观念自此确立，精工之路就此奠定。

商业世界中，往往需要更长的时间周期来验证一家企业的选择。九牧王认为，只有严格把关，精心把控，才能全程、全面地保证产品质量，企业的信誉才能在这个过程中逐步产生。正是这样30年如一日的坚持，使"专业好品质"成为九牧王产品的金字招牌，有口皆碑的九牧王也从"西裤专家"成功进阶为每7秒卖出一条的全球销量领先的男裤专家，问鼎"中国裤王"。

◆ "九牧王的信心和底气，来源于中国力量"

2021年6月24日，九牧王携手前杰尼亚设计师、创意总监路易·加布里埃尔·努奇（Louis-Gabriel Nouchi）将"海上丝绸之路"的美带到了世界舞台——巴黎时装周。这不仅是男裤专家九牧王首次登上巴黎时装周，也是巴黎时装周百年来举办的唯一一场以裤子为核心产品展示的男裤秀。青花瓷、中国古代商船……极具特色的中国元素，在强势筑高九牧王品牌势能的同时，更向全球展示了中国民族品牌的自信与魅力。2022年1月，仅隔半年，再登巴黎时装周的九牧王，又以宝相花、卷草纹、唐三彩为灵感，让盛唐风采温暖了冬日的法国。

"九牧王品牌的信心和底气，来源于中国力量。"林聪颖讲道，"企业的发展离不开国家环境的影响，今天，中国的企业正面临非常大的机遇。国家'十四五'规划提出，中国各行各业要培养3～5个有国际视野或者国际化的品牌和公司，这为企业提供了平台和机会。此外，我们可以明显看到，新一代消费者，无论是'80后''90后'，还是'00后'，他们都非常热爱中国，非常钟爱国潮，非常喜欢自己的民族品牌。"

林聪颖乐于看到这样的变化。也正因如此，他觉得九牧王有必要从面料、板型、款式和工艺的角度全面发力，打造全球最好的裤子，借助新一代消费者对本土品牌更高的接受度，特别是对国潮、国货的热爱，建立起民族品牌强烈的文化自信，让九牧王立足中国，走向全球，继续保持"全球销量领先"的男裤销售市场地位。

这是九牧王的使命。于是，2022年6月20日，九牧王的大秀在世界设计之都米兰上演。此番，穿越百年的"宋代美学"山水裤秀惊艳了世人。大洋彼岸，九牧王以《千里江山图》为灵感，将独有的山水与青绿元素融入男裤设计，彰显出中国时尚的雅致大气。

在时装秀上用东方文化"惊艳世界"，逐渐成为九牧王每年的"保留节目"。通过九牧王一次次在世界时尚舞台的亮相，人们见证了九牧王的产品美学一直在创新中不断变化、不断前行。

九牧王，离全球裤王又近了一步。

◆ "尽社会责任，对员工负责，并透过企业文化传递"

谈起自己的员工，林聪颖的眼里忽然有了一种柔和的光。他讲了一个小故事：有一年，行政部的工作人员跑来问林聪颖，组织全体员工去武夷山旅游，清洁工去不去？"我当时感觉很惊讶，最后我回答他，清洁工是不是我们的员工？"值得一提的是，从1994年开始，九牧王就坚持为每个员工提供免费的体检，"我认为这是对生命的基本尊重。"

企业对员工的尊重，也让员工对企业有了家的依恋，这是一种双向奔赴。自创业以来，九牧王一线员工年流动率始终维持在20%以内。即使放眼全国，这也是一个奇迹。更难能可贵的是，1989年初创的12名员工中，有6名至今仍在公司，而且他们都在最重要的技术岗位上，是九牧王产品的定海神针。

对林聪颖而言，"牧心"远不止这一层意思。30余年来，九牧王一直在为中国的慈善事业做贡献。在林聪颖的视野中，社会效益远胜于经济效益，"爱心和慈善本是人之本性，古语有云，'人之初，性本善'"。林聪颖说，普通人都有爱心和慈善之说，更何况是企业家，更应该为社会和大众做能够解决实际问题的公益事业。

林聪颖说，"源于社会，归于社会"，九牧王一直热心参与社会公益。多年来，九牧王不断向特殊群体、受灾群众和贫困家庭奉献爱心，通过捐资助学、抗震救灾、环境保护、人文精神等行动积极履行企业社会责任，累计向中国红十字会、中华慈善总会、公益基金会、教育机构等捐赠物资超1亿元。

值得一提的是，一直以来，九牧王坚持不懈抓好节能减排和环境保护工作，建设资源节约型、环境友好型企业，促进企业转型升级和绿色发展。九牧王全面统筹推进绿色工厂体系建设，建立从产品设计、采购、生产到产品销售的绿色产业链，实现了用地集约化、生产洁净化、废物资源化、能源低碳化等。2021年九牧王获批"国家级绿色工厂"，并参照《绿色工厂评价通则》（GB/T 36132—2018）的要求建立了企业绿色工厂管理制度。

"君子以仁存心，仁者爱人。无论处在哪一个发展阶段，九牧王从未忘记一直坚持的企业理想——尽社会责任，对员工负责，并将这一理想透过企业文化传递给员工、消费者乃至社会大众。在我看来，这正是九牧王在提供优质产品与服务的同时，为社会奉献的最可贵的精神财富。"林聪颖说。

定义未来　开创广州红棉新时代

广州红棉国际时装城总经理　卜晓强

如果说，"十年磨一剑，霜刃未曾试"彰显的是唐代诗人贾岛远大的政治抱负，那么，"不断颠覆，一直创新"体现的就是广州红棉国际时装城（以下简称红棉）总经理卜晓强的管理理念。

作为从事几十年商贸流通工作的"老商业"，卜晓强把中国服装专业市场的发展归纳为五个阶段：1.0阶段是做生意、卖产品；2.0阶段开始迈入品牌发展领域；3.0阶段强调时尚化转型；4.0阶段开始以艺术引领时尚；5.0阶段则进入了品牌、时尚、艺术、服饰文化有机融合的"融"时代。

卜晓强

十多年来，红棉一路高歌猛进，在传统服装专业市场中自成一派，成为当代服饰、潮流、时尚、艺术、文化、商业的集大成者。在卜晓强的掌舵下，红棉以自身市场为平台，不断在行业内掀起新潮流，首创新模式，打造新平台，引发新思考，不断赋予服装专业市场新的角色与价值，打造出了一个令人瞩目的创新生态体系。

◆ 十年转型　创新专业市场先河

2009年，面对商户"引狼入室"的质疑，卜晓强大胆推出首个"韩人治韩"的韩国层，将红棉打造成韩国品牌在中国起步的窗口，激发本地商户在竞争中发展，全面提升铺面视觉效果及商品陈列，实现"千店千面"的时尚蜕变。

韩国管理方式大获成功，卜晓强又向西方"取经"。2013年，红棉首次将纯正的米兰时装秀引入中国、引进广州流花商圈，连续4年携手米兰国际时装周艺术总监奥瑞塔（Orietta），率领意大利知名设计师和品牌在红棉举行多场专场发布会，开创中国服装专业市场的先河。2014年，红棉又聘请意大利人安德利为欧洲时尚品牌总监，打造国内首个欧洲品牌服饰渠道运营部，将专业市场转型为欧洲时尚行业在中国渠道拓展和品牌落地的载体。

连续几年良好的合作，卜晓强的高瞻远瞩和全力以赴，让意大利时装专家以及意大利全国时尚协会等机构看到了广东省时尚产业的深厚基础与广阔前景。2014年11月，广东国际时尚艺术研究院应运而生，以专业市场为根基，为本土行业企业提供接轨国际时尚的服务。

在卜晓强的带领下，红棉快速完成3.0升级。"韩国层""欧洲街"稳步发展，为时装城不断聚集海外高端时尚资源；持续举办红棉国际时装周，推动场内企业的时尚觉醒，揭开红棉"国际化、时尚化、品牌化"发展的新纪元。

"十三五"开篇前夕，卜晓强为红棉绘制了全新的4.0升级蓝图。彼时，本土专业市场开始纷纷投入升级转型大潮，红棉要真正做到差异化发展，与其跟随潮流，不如引领潮流。卜晓强将目光锁定正在崛起的新兴消费群体，抓住三个发展方向：一是尊重原创，立足时尚化；二是精选商户，坚持品牌化；三是把握区位优势，谋求国际化。

2014年，奢侈品和快时尚品牌大量进入中国，一、二线城市的消费者品位迅速成熟，新锐设计师群体崛起。长年的本土市场操盘经验，对海外产业的深入研究，让卜晓强敏锐地捕捉到新模式的机会点。那一年，红棉将欧洲先进的"商品陈列室/展销厅"（showroom）模式引入中国，成为第一个运作showroom的服装专业市场，着力于流通链条的更新和升级。汇集意大利原产地服装品牌的集合店"意品"落户红棉；红棉与意大利权威时尚机构共同打造的HIVE-Showroom正式启动。

短短数年，HIVE-Showroom已发展成目前国内首屈一指的showroom品牌，是米兰时装周、意大利PITTI UOMO男装展、上海时装周等时尚系统的重要合作伙伴。为国内外的年轻设计师搭建展示和销售平台，顺应了国内服装市场小批量、定制化、个性化需求。

2015年，红棉推出首届红棉国际男装周，撼动整个中国男装产业。时装城本土品牌孵化成为撑起国内新派男装的主力阵营，为红棉国际男装周平台的构筑奠定基石。

2019年6月，红棉受邀成为佛罗伦萨第96届PITTI UOMO男装展"中国嘉宾国"项目的重要合作伙伴。同时，第三届红棉国际男装周与PITTI展同期开幕，在意大利佛罗伦萨和中国广州两个时尚之都同步上演时尚风潮。至今，经过五届良好运作，红棉国际男装周在国内外市场获得高度关注，并持续释放更强的IP效应。

2019年，中国服装设计师协会将全国唯一"中国服装设计师孵化基地"授予红棉，以表彰红棉在设计师孵化工作中所作出的贡献。2018年，工业和信息化部公布第二批全国纺织服装创意设计试点园区（平台）名单，2022年更晋升为全国纺织服装创意设计示范园区，全国共7家单位入围，红棉成为广东省唯一一家入选第二批示范的园区。

因长期致力于推动纺织服装行业创新发展，并作出卓越贡献，得到政府部门、服装业界的认可，卜晓强被推选为广东省服装服饰行业协会第六届及第七届会长。在卜晓强的主动开拓和积极引进下，广东时装周、红棉国际时装周、流花服装节、广东国际时尚艺术研究院构建起一个中意时尚文化交流合作的生态系统，为广东服装产业输送强劲的国际力量。

多年来，卜晓强屡获"全国优秀企业家""中国纺织企业管理终身成就奖""中国优秀民营企业家""中国纺织服装行业创新人物""改革开放40年纺织行业突出贡献人物""广东省优秀企业家"等荣誉，每一份荣誉都被他视为责任与督促。2018年7月，在米兰国会大厅，在授奖者与观众的共同见证下，卜晓强获颁享誉欧洲的、意大利至高国家奖项"意大利金顶奖"，成为第一位获此荣誉的外籍人士。2021年，为表彰其在推动中韩两国时尚交流，推动、参与韩国侨民子女的教育建设方面作出的突出贡献，卜晓强获韩国外交部颁发的2020年度外交部部长奖"推动韩中两国外交关系发展贡献奖"，成为第一个荣获该项大奖的外籍人士。

◆ 变局当前　重塑纺织工业新定位

突如其来的3年疫情伴随着世界范围的大变局，行业进入战略重构和创新蜕变的新发展阶段。作为"纺织之光纺织服装流通专项基金"发起人，卜晓强迅速响应，从疫情防控的大局出发，向纺织之光基金会"纺织之光纺织服装流通专项基金"捐赠100万元，主要用于包括武汉在内的重点区域口罩、防护服等疫情防控物资与生活保障物资的采购，支持后续产业与市场复工开市，尽快恢复经济活力。

积极履行社会责任是红棉的企业精神之一。迄今，红棉仍是首家通过广东省清洁生产审核验收的商贸企业，大力参与《绿色纺织服装专业市场评价标准》等的编制。在中国纺织工业联合会流通分会的发起下，联合广州市越秀区商务局等单位，共同发布《绿色纺织服装专业市场通用规范》（T/CNTAC 53—2020），着力推进我国纺织服装专业市场向绿色、节能、环保、高效的方向发展。

此外，红棉通过产学研合作为年轻设计师创造成长发展机遇，如冠名中国国际大学生时装周系列活动，打造武汉纺织大学、华南农业大学、西安工程大学、北京服装学院、上海技术工程大学、东华大学服装与艺术设计学院等产教融合实习基地；卜晓强更担任上述院校导师或客座教授。

"十四五"篇章已开启，中国正在加快形成以国内大循环为主体、国内国际双循环相互促进的新发展格局，纺织工业也正在确立新发展定位。卜晓强表示，广州服装专业市场的升级发展要与以国内大循环为主体、国内国际双循环相互促进的新发展格局联系起来。一方面，着力抓好国内大循环，瞄准庞大内需市场的消费升级趋势进行转型；另一方面，面向国际市场要与"一带一路"建设建立更紧密的联系。

近年来，本土原创品牌在品牌、产品、设计、渠道、供应链和零售管理等方面的能力不断提升，借助国潮兴起实现了快速发展。卜晓强表示，行业企业应该认清当前全球发展形势，分析国内国外市场趋势，重新制定营销策略，把智能化、数字化转型作为打开双循环新格局的重要抓手；同时，不断提升价值链层次，提升品牌竞争力。通过实现技术和品牌力的提升，吸引优质外部需求回流，推动国产替代加速，并对外部循环形成正向效应。

未来，红棉将进一步发挥国际男装周平台的集聚效应，继续引进国际高端时尚资源，培育一批本土原创品牌，以"广州时尚之都""时尚湾区"建设为契机，推动中国服装行业从传统加工业向新型时尚产业发展，提升纺织产业的价值链层次，全面助力纺织强国建设。

铁肩担道义　纺织出英才

山东南山智尚科技股份有限公司董事长兼总经理　赵亮

山东南山智尚科技股份有限公司（以下简称南山智尚）主营业务涵盖精纺呢绒、服装、新材料产品的研发、设计、生产与销售。近年来，在赵亮董事长的指挥下，公司以"高新技术、高附加值产品转型"为突破口，紧跟国家绿色、低碳可持续发展政策，持续巩固和发挥好现有完整的羊毛服装产业链优势，同时积极推进超高分子量聚乙烯新材料等特种、差异化、功能性高端纤维类产业项目建设，着力推动"羊毛面料服装、新材料双产业链互动"。

赵亮

◆ 科技创新　产业智能升级

习近平总书记强调，要抓住产业数字化、数字产业化赋予的机遇。传统的纺织行业要实现高质量发展，推动产业转型升级，不是"低端产业"简单退出和设备升级换代，必须深化产业数字化变革。赵亮董事长制订了南山智尚"立足中国，布局全球"的发展战略，公司要以信息化、数字化、智能化为核心，不断推动自身从传统制造型企业向智慧型企业转型。在"互联网+""智能化+"的发展模式下，公司依托产业链的强势资源基础，为客户提供了"从面料到成衣"的一站式解决方案，走正装领域的个性化定制之路，通过个性化、信息化和工业化的融合创新，实现个性化定制的科技化和规模化，创建现代工业化创新型企业。

南山智尚通过信息化与工业化的深度融合，以MES、MTM、NCC、WMS、CRM系统为基础与核心，共同搭建服饰核心信息化平台。优化升级技术研发博克、CAD系统，将传统的量体裁衣升级为网络定制模式，借助NSMTM定制平台开展网络定制，实现定制服装的工业化生产。通过定制平台系统自主下单，弹性信息化架构、平台化、全终端、动态演进，生产数据以数字化形式展示在大屏上，生产效率大幅提高，新产品开发周期大幅缩短；定制套装周期缩短为7天，MTM订单实现全程监控。设计方面采用最新的三维（3D）试衣系统，将3D技术与服装设计开发相结合，快速地将二维平面板型转化为3D虚拟样衣，可以真实地模拟样板制作服装的效果，显示逼真的面料悬垂感。通过试衣系统可以很好地展现3D缝合、在线设计、在线改款、虚拟走秀等功能。

服装设计端与销售端以直接连接的方式，简化原有量体流程，通过智能工具及信息化技术实现量体信息的高效录入以及一系列信息化管理。服饰业务现已实现整个生产制造流程的可监视、可控制，优化制造工艺和流程，提高协同效率和生产效率。

◆ 绿意盎然　牧场·工厂·秀场

过去纺织业常被视为"高耗能、高污染"的代表，南山智尚从节约一滴水、一度电到建设一座绿色工厂，通过对"一根丝"的智能化改造和环保升级，串起了整个纺织产业的转型升级，唱响了绿色改造"主旋律"。赵亮董事长表示，消费萎缩并不代表没有需求，关键在于找准新需求，南山智尚定位在于"绿色高端、世界领先"，从"一根丝"到"一块布"，再到"一件衣"，要全面推行绿色制造，加快构建绿色制造体系。

2023年，南山智尚加快构建绿色制造体系，推动绿色产品、绿色工厂、绿色设计产品示范企业和绿色供应链全面发展，壮大绿色产业。按照用地集约化、生产洁净化、废物资源化、能源低碳化原则，结合行业特点创建绿色示范企业，选用先进适用的清洁生产工艺技术和高效末端治理装备，减少生产过程中的资源消耗和环境影响，营造良好的职业卫生环境，实行清污分流、废水循环利用、固体废物资源化和无害化利用。

同时，以绿色供应链标准和生产者责任延伸制度为支撑，加快建立以资源节约、环境友好为导向的采购、生产、营销、回收及物流体系。积极应用物联网、大数据和云计算等信息技术，完成绿色产品、绿色工厂、绿色设计、绿色供应链等评价管理体系。增强国际竞争新优势，实现制造业高效清洁、低碳循环和可持续发展，促进工业文明与生态文明和谐共融。2023年，南山智尚为响应国家和山东省生态环境厅积极开展产品碳足迹工作的要求，主动开展面料、西服产品碳足迹核查认证，并对服饰多个品类产品进行碳中和认证，被列为山东省第一批开展产品碳足迹、碳核查、碳中和评价认证企业。2023年7月，南山智尚成功获批山东省绿色供应链管理企业。

此外，随着时代发展，越来越多的消费者开始重视服装本身的安全性、舒适性以及环保可持续性。终端消费市场在关注产品质感、舒适性的同时，对"穿出健康"

提出了更广泛的潜在需求，面料功能化趋势不断延续。南山智尚在面对市场这一需求变化时，通过科技赋能的方式，实施了产品功能化升级，形成了易护理类、健康防护类、轻奢舒适类等三大类十多个系列的科技类产品。公司绿色产品体系中的自然原色产品采用纤维原色，不经染色加工而成，利用纯天然、原生态、可再生等纤维加工制成新的高品质、多功能、可追溯、可永久循环的产品，与市场上常规产品形成了差异化优势。

◆ 聚焦行业　搭建时尚舞台

近几年，南山智尚相继与专业协会共同主办了"南山智尚杯"2022中国正装设计大赛、"南山智尚杯"2023中国职业装设计大赛暨交通运输行业制服设计大赛等专业赛事，公司始终将设计作为时尚产业的价值内核，通过持续且长期举办专业大赛，不仅为中国服装设计领域的青年设计师提供了一个"展示梦想与走向国际"的重要舞台，而且为整个行业带来全新的设计理念和发展思路。赵亮董事长时刻关注赛事进展情况，他表示，南山智尚跨越国际的面料研发力、全产业链的优势生产力、行销全球的前沿洞察力，可以成为赛事选手们的强大后盾，鼓励并支持入围选手在下一步的创作中打开思路，充分发挥自身特长，以国际化的视野及新锐的主张，设计出更具有时尚性、创造性的作品。针对选手们羡慕且渴望使用南山智尚面料进行创作的想法，赵亮董事长为入围选手免费提供南山游学课程，并将高品质面料无偿提供给选手们用于决赛成衣制作，协助选手们将梦想付诸现实。

秉承"科技时尚，铸就美好生活"的理念，坚持科技与时尚双驱动发展的市场竞争优势，在人才培养和区域布局方面，南山智尚已与北京服装学院、江南大学、西安工程大学、东华大学等国内外知名院校及机构建立了深度的合作关系。2021年，南山智尚荣膺国际羊毛标志大奖首次设立的"供应链合作伙伴大奖"，此奖旨在鼓励致力于扶植年轻设计人才、重视技术研发、积极促进国际间合作交流，为全球羊毛产业作出卓越贡献的企业。国际羊毛局（The Woolmark Company）董事总经理斯图亚特·麦卡洛（Stuart McCullough）对南山智尚表达高度认可，"作为我们最诚挚的合作伙伴，南山智尚多年来在产业链各环节与我们共同创新，始终致力于扶持年轻设计人才，对推动羊毛产业的不断升级发展意义重大。"

未来，南山智尚将继续把科技创新作为发展的核心动力，向着智能化、数字化方向高质量发展，突破传统，加快新旧动能转换；创新思维，融入国际国内发展的大循环；加快智能化、数字化升级，进一步支持公司科技创新和定制模式创新，进而实现以创新引领公司发展，打造"从牧场到秀场"的全产业创新链条。

带领中国品牌阔步世界舞台

劲霸男装（上海）有限公司CEO兼创意总监　洪镗淮

青年强，则国家强。党的二十大报告指出，当代中国青年生逢其时，施展才干的舞台无比广阔，实现梦想的前景无比光明。青年企业家兼具青年朝气与企业家精神，在实现中华民族伟大复兴中国梦的征程上，始终是驱动时代车轮滚滚向前的先锋力量。

总有后浪推新潮。一批又一批新锐力量逐渐崭露头角走上"台前"，承继父辈爱拼敢赢的精神，以"90后"特有的朝气活力诠释当代青年企业家精神和风采。"用劲折腾，不负青春"的劲霸男装（上海）有限公司（以下简称劲霸男装）首席执行官（CEO）兼创意总监洪镗淮就是其中之一。

洪镗淮

自2019年接棒劲霸男装企业管理以来，洪镗淮以中国文化、东方美学为服装设计的深厚给养，在商品创意和产品结构上带来了让终端消费者和业界瞩目的创造性革新。2021年9月更是带领品牌登上长城发布"高端新国货"战略，自信发声"中国茄克　劲霸制造"，开启综合国力强盛、文化自信的新时代下的品牌新征程。2023年劲霸男装品牌价值达到878.26亿元，连续20年入选中国500最具价值品牌榜、中国男装第一价值品牌。

◆ 创新推动新时代中国男装发展

近年来，洪镗淮领导下的劲霸男装以服装为载体，通过对东方美学的现代化时尚演绎，正逐步形成差异化竞争优势。于外，4年连续5次登陆米兰时装周官方日程，用时尚传递中国文化自信，讲述中国故事；于内，从市场与消费者需求出发，以高端产品为基础，以时尚创意设计为核心，以可持续时尚为导向，迈向高质量可持续发展的"高端新国货"之路。

专业设计教育背景出身的洪镗淮，熏染于艺术时尚领域多年，结合自身对艺

术美学的独特见解，用当代设计重新解构东方美学。洪锽淮对中国传统文化抱有极大的热忱，带着谦虚的态度深度了解学习中国文化，理解每一种纹样、颜色、工艺等背后的深意和内涵，并结合劲霸产品的特点进行创新，引领新时代中国男装美学风尚。提取交叠领、燕尾脊等中式服饰及建筑结构，以当代设计表达中国茄克的中国神韵；传承中国红、玉石色、紫烟罗等中国色绘染中国茄克；沉淀并升华东方图腾——玉龙纹，赋予中国茄克更具中国风貌的生命力；以刺桐花、白玉兰等为蓝本原创花型，呈现中国茄克的艺术人文美学；运用中国山水、水墨写意、编织等中国元素，让传统意境之美跃然中国茄克之上；借东方四季交替的生活哲学，纷呈四季因时而衣的全品类茄克；连续5年创制十二生肖贺年系列，以当代设计重新解构中国传统生肖文化。

身为中国青年设计师的洪锽淮，在博大精深的中国文化中汲取养分，同时积极努力走出国门，带领劲霸男装连续5次登陆米兰时装周官方日程，在世界时尚舞台创新现代化演绎东方美学，与不同国家和地区的历史、艺术、人文等各个方面进行交流，不断精进自己的男装设计实力，即使在特殊时期，也想方设法通过线上发布形式完成国际舞台的展现与交流，让中国时尚设计不缺席国际舞台。作为劲霸男装的CEO兼创意总监，洪锽淮将"东方美学"作为劲霸的核心设计理念，同时在企业内部不断培育中国本土设计师，并带着东方美学的当代创意设计表达，通过国际秀场与世界时尚交流碰撞，从而反哺提升团队设计实力。除此之外，洪锽淮带着对文化与艺术的热爱情怀，多次与国内艺术家合作，将时尚与艺术的创造力融合，创新东方美学的表现形式，满足消费者从物质到精神的多元消费需求。

◆ 用时尚传递文化自信

2022年，党的二十大报告指出要推动"中华优秀传统文化得到创造性转化、创新性发展"，与此同时，消费者也越来越关注并愿意深度体验中国文化，愿意为中国文化代言、买单；另外，随着国力的崛起，世界目光开始聚焦东方，东方美学在世界时尚舞台备受推崇，让许多国人为之自豪。洪锽淮站在文化自信的时代背景下，带领劲霸男装将中国文化、东方美学持续创新融入茄克产品，在世界顶级时尚舞台讲述中国故事，并努力构建世界时尚文化的"中国话语权"。

米兰时装周是全球顶级时尚平台，特别在男装设计领域有着极高的水平和严苛的专业资格审评，2020年1月，洪锽淮带着劲霸中意国际化设计团队历经官方答辩和组委会审评，于品牌40周年开启之际，首次登陆米兰时装周官方日程，全球首发高端系列KB HONG。该系列由洪锽淮领衔，中意国际化设计团队倾力打造，依托劲霸男装40余年对茄克品类设计、板型、花型、色彩、工艺的国际化、高品质匠心坚守，以独特的文化视角探索和交融东方意韵与意式优雅，完成世界对中国时尚品牌的期待与想象。2023年1月，历经三年线上视频发布后，劲霸男装再次回归米兰线下秀，6月第五次登陆米兰时装周官方日程，同国际大牌杰尼亚、阿玛尼同日前后走秀。在不确定的大历史环境下，洪镔淮坚持带领劲霸男装在国际时尚舞台持续发声，用实力尽显中国品牌时尚设计力量与文化自信。

2023年1月，劲霸男装携手中国非遗水族马尾绣登陆米兰时装周；3月，在中国国际时装周，再度与中国非遗华县皮影戏合作，并借由中国传统器物修复工艺金缮背后的再生美学，架构现在与过往的文化、艺术共鸣，雕刻中国茄克当代风尚叙事。在洪镔淮看来，中国文化中的传统工艺不仅代表着一种匠心精神，更蕴藏着中国人传承千年的造物哲学和情趣审美，因此，劲霸男装的非遗合作并非浅尝辄止、哗众取宠，而是深度挖掘、提炼并寻找非遗技艺与品牌精神文化的共熔点，通过非遗技艺这一中国文化的切片，用发现的目光重拾中国智慧与精神内涵，尝试将中国传统工艺与现代时尚设计融合，以劲霸茄克再现东方美学背后的人文情怀与温度。

◆ 承袭家族家国情怀

劲霸男装创立至今，慈善公益之心传承三代，在公益慈善领域一直持续不遗余力地投入和付出，救灾扶困，反哺社区，回馈社会，迄今累计公益慈善捐助已超6亿元。洪镔淮传续父辈的言教，接班企业以来，也同样积极投入公益慈善事业，并结合时代背景不断丰富履行社会责任的方式。

自2020年新冠疫情首次暴发至2022年8月，劲霸集团已通过中国青少年发展基金会、中国人口福利基金会、上海市慈善基金会、上海市金山区红十字会、上海市普陀区光彩事业促进会、泉州市红十字会、晋江市红十字会、英林心公益慈善基金会等公益机构主动捐赠83次，累计现金与防疫物资超9400万元，包含人民币540万元，服饰超7200万元，口罩近1500万个。

2020～2021年，劲霸男装通过中国扶贫基金会、中国服装协会"暖冬行动"，先后认捐200万元冬衣，助力相关困难区域的乡村振兴。2021年，中国扶贫基金会对劲霸男装"助力脱贫攻坚突出贡献"进行表彰。

2021年，与中国青少年发展基金会携手开展"希望工程劲霸男装环保公益季"，覆盖云南、湖北、陕西、甘肃、青海5省20个县121所县乡中小学，通过环保主题绘画、征文比赛、可持续公益夏令营等多元形式，让环保教育深入孩子们的幼小心灵。

2022年，劲霸男装与中国青少年发展基金会在山西、江西、山东、四川省共援建10间希望工程·劲霸美育教室，从公益的角度为学校美育教育助力，通过项目助益培养农村青少年健康向上的审美趣味、审美格调，激发农村青少年艺术想象力和创造力，弥补城乡教育差距。

2023年8月，晋江爱在心淌公益慈善基金会成立，劲霸男装捐款100万元，助力教育、卫生、强村、生态等各项公益慈善事业。

如果说祖辈和父辈开创的事业是一座高山，那么洪镗淮要做的不仅是攀上山顶，更要攀登更高的山峰，创造属于新一代的未来。在国家综合实力在世界的地位日益提升的背景下，洪镗淮心中有一个更大的愿景：在未来，一定会有更多如劲霸男装一般，在强化创新能力、注重产品力和提升品牌力等方面持续深耕的中国服装品牌，在世界时尚舞台上展现属于中国服装品牌的品质与自信，释放中国服装产业从制造强国向时尚强国迈进的强大动能，赢得与我国综合国力和国际地位相匹配的国际话语权。

轻纺城转型的掌舵人

浙江中国轻纺城集团股份有限公司董事长　潘建华

2020年9月，54岁的潘建华放弃公务员身份，接受了一个全新的挑战——成为柯桥区国有企业中国轻纺城集团股份有限公司（以下简称中国轻纺城）的掌舵者。3年多来，他创新实干、锐意进取，带领中国轻纺城围绕"市场、数字、投资"三大战略，大刀阔斧进行转型升级，在市场繁荣、数字建设、物流提升、对外投资、市值管理和国企改革方面取得显

潘建华

著发展成效，为中国轻纺城再次腾飞插上新的翅膀。

他不仅有吃苦耐劳、无私奉献的优良品质，更具有与时俱进、锐意进取的时代精神。他不仅是奔跑在中国轻纺城高质量发展道路上的追梦人，更是推动顶层设计与基层探索有机结合、良性互动的践行者。

参加工作38年来，潘建华先后在绍兴市教育系统、平水镇、安昌镇、柯桥区教育体育局、柯桥区会展业发展中心和中国轻纺城工作，无论在哪个岗位，始终兢兢业业、热忱奉献、敢为人先，在推动区域产业发展中交出亮丽的"成绩单"。

◆ 坚持推动传统产业转型升级

中国轻纺城依托于柯桥纺织产业优势而成立、发展、壮大，未来如何继续腾飞，做好"产业+市场"深度融合的大文章尤为重要。在潘建华看来，纺织产业不是传统落后的夕阳产业，而是生机蓬勃的朝阳产业、时尚产业、民生产业。

潘建华初到中国轻纺城任职时恰逢新冠疫情，市场形势急转直下，但他以雷厉风行之势掀起大刀阔斧的改革，创造性提出"5+2"工作思路和"市场、数字、投资"三箭齐发的重要方向，以重塑实体市场优势和发展变革为出发点，持续优化营商环

境，切实抓好招商引资，纵深推进展市融合，充分注重市场发展的"稳"与"进"，突出对经营户服务的"实"与"优"，推动旗下各大实体市场迭代升级、焕发活力。

潘建华认为，实体经济是中国式现代化的根基，市场始终是推动中国轻纺城向上发展的基石，要不断推动传统市场这棵"老树"在创新驱动下发新芽、长新枝。在潘建华的带领下，中国轻纺城从提升专业市场功能和配套服务效能入手，积极响应"水韵纺都"建设工作，对旗下市场进行形象改造和硬件设施升级，大力推动划行规市、新业态集聚，一个个专营区先后涌现。

疫情逐渐"退潮"，他领导下属市场公司前往数十个纺织产业集聚地开展招商，市场内的对接活动数量成倍增长，展会活动也重返海外"舞台"，为市场商贸发展带来全新活力。下一步，他还计划向着品牌营销中心、创新孵化中心、供应链金融中心转型升级，实现从单项分割到产贸高质量融合、内贸外贸一体化、线上线下一体化、上下游一体化，进一步提升中国轻纺城的品牌价值及国际影响力。

◆ 创新打造数实融合新型市场

"未来的纺织产业供应链是数字化的供应链，谁能更好地利用数字资源，谁就能撬动更多财富。"这是潘建华在中国轻纺城集团内部大会上常说的一句话，并以实际行动证明，推动传统市场数字化转型是迈向高质量发展的关键所在。

作为中国轻纺城的掌舵者，潘建华为其再次腾飞绘就了一幅数字赋能的宏伟蓝图，并立足市场实际情况，逐项谋划、逐条细化，把"蓝图"转化为"施工图"，变成"实景图"，全力打造数智轻纺城。2020年底，"数字轻纺城"项目正式启动，目前，已开发建设19大系统、98个功能模块，为市场管理服务和经营户线上拓市提供了极大便利。"数字轻纺城"平台还成功入选2021年度浙江省数字赋能促进新业态新模式典型企业和平台名单，成为当年绍兴市唯一入选企业和平台。

2023年，潘建华带领中国轻纺城大力推进数字市场二期建设，着重在数实融合方面下功夫。针对采购商找布难，进一步强化"小哥找布"运营，实现公司下属市场"小哥找布"业务全覆盖，并向其他专业市场延伸，同时搭建微信端小程序"嘀嗒找布"，为采购商提供更为独立、便捷的找布工具；针对经营户门店管理，做好"金蚕宝宝"应用推广、提标扩面和下沉服务；推进产业数字化建设，让"市场、物流、印染"相辅相成，真正实现"三脑合一、数据孪生、信息共享、金融赋能"，探索纺织服装"元宇宙"，打造虚拟秀场、线上试衣、数字时装等虚拟应用，为"产业+市场"转型升级开辟出一条高质量发展新路径。

◆ 建设完善的现代商贸物流体系

物畅其流，货通天下。在潘建华看来，现代商贸物流是延伸产业链、提升价值链、打造供应链，发展现代产业体系的重要支撑，是推动中国轻纺城高质量发展的必经之路，对于降低流通成本、提升流通效率、畅通国际国内"双循环"具有重要的基础作用。

立足国内，潘建华牵头攻克国际物流中心拆迁难题，有序推进轻纺数字物流港项目，积极搭建利可达智慧物流平台，推动传统物流向数字、智能物流发展转型，提升柯桥城市风貌，喜迎杭州亚运会。轻纺数字物流港于2021年11月开工建设，预计2024年底建成。3年的建设工期对计划总投资约40亿元、占地面积465亩（1亩≈667平方米）的大项目来说，困难重重。雪上加霜的是，项目前期还碰上了土地指标缺失等客观因素，导致进度滞后。潘建华不惧考验，带领项目专班打出提前谋划赶工保障、重新拟订抢赶计划、全员动员赶工赶产、设立桩基工作专班等一系列"组合拳"，最终实现进度赶超预期。目前，轻纺数字物流港项目一期公共智能立体仓已完成基本建设及设备联动调试，即将采用共享云仓模式投运。而他牵头搭建的利可达智慧物流平台融物流交易平台、网络货运平台、增值服务平台、大数据云平台于一体，开创市场物流短驳、长运新模式，通过平台的货物统一集散，在成功降低物流托运部揽货成本的同时，提高揽货效率，为商户提供更为有序的市场环境，打造智慧物流闭环体系。

放眼国际，潘建华积极拓展内陆国际联运通道，推进钱清货运站综合改造工程，开展萧甬铁路钱清货运站海关监管点建设和萧甬铁路钱清货运站路线改造。2022年11月，柯桥区首列中欧班列"柯桥号"正式通车，柯桥区成功开辟出口快速运输"新丝路"，迎来海铁联运时代。2023年，中国轻纺城正延续做好钱清货站的二期扩建工程，完成配套硬件设施建设，为提升中欧班列"柯桥号"开行频率提供必要保障。

"今年我们将加强与宁波港的对接，推动海关关口前移，同时积极探索建设轻纺城海外仓；保障市场采购贸易、跨境电商两大外综平台的运行；深入发展异地货站模式，加强与杭州机场方面的合作，提升货站运营能力。"潘建华表示，要以"一带一路"倡议提出十周年为新起点，重塑现代商贸物流体系，为市场经营户提供更多营销渠道，让柯桥面料走向世界，逐浪更广阔的星辰大海。

向全球价值链中高端迈进

恒申控股集团有限公司化纤板块总经理　何卓胜

恒申控股集团有限公司（以下简称恒申集团）创建于1984年，从一家民营工厂，发展为一家集化工、化纤及新材料为一体的先进制造企业集团，锦纶切片、锦纶丝产能可达全国前三水平，己内酰胺产能位居全球第一，是全球范围内锦纶6产业链规模最大、最完善，综合竞争力最优、最强的企业集团。

何卓胜

2021年何卓胜入职恒申集团，现任集团化纤板块总经理。作为恒申集团的"业内老朋友"，长期建立起的信任感使何卓胜初入这个大家庭便倍感亲切与舒适。谈及加入恒申大家庭的感受，何卓胜表示，"没有陌生感，没有任何顾虑，每一个人都真诚且毫无保留，没有隔膜让大家都可以沉下心关注具体的事。"

◆ 蓄势赋能　实施创新发展战略

作为总负责人，何卓胜积极参与"高性能聚酰胺6纤维及制品产业化关键技术"项目的研发，负责该项目的产业化总设计。项目总投资5000万元，历时8年完成了高性能聚酰胺6纤维关键制备技术及成套装备的开发，制备出高强高伸、高强低缩、高强阻燃系列聚酰胺6纤维和抗菌导电、低熔点、冰爽丝等功能性聚酰胺6纤维产品，发明了包缠包覆长丝/短纤维复合纺纱方法和设备，研究开发出专有染色及迷彩印花加工技术。该项目成果得到广泛应用，推动了我国军用被装材料的技术进步，并在风力发电叶片脱模布、高效过滤布、橡胶基布和高档针织丝袜等多个民用领域得到了应用，经济效益和社会效益显著。经中国纺织工业联合会组织鉴定，项目总体技术达到国际先进水平。

2023年3月28日，何卓胜带领研发团队携集团"锦纶6-生物降解纱线""生物基尼龙5，10纤维""锦纶6-抗紫外细旦"等15款特色纱亮相"大湾区国际纺织纱线博览会（yarnexpo）春夏纱线展"。展会上，何卓胜娓娓道来，"我们追求产品的可持续性，在产品研发和生产中遵循'3R'原则——减少、回收和重复使用。我们重点推出的锦纶6再生纤维是将聚酰胺废料通过回收、筛选和独特转化工艺加工制备而成，已通过全球回收标准（GRS）认证，并与通标标准技术服务有限公司（SGS）合作开展碳足迹核算，生产1吨再生纱碳排放相比于同规格常规纱实现减排48.2%。"何卓胜希望通过展会平台推广产品的同时传递可持续健康发展理念，推动绿色、低碳产品的消费。

科技创新是顺应时代的必然选择，是构筑发展新优势的重要举措，是企业的生命力之源。在何卓胜的带领下，化纤板块始终坚持以创新为驱动，以"探索功能性新型材料应用"为目标，以民用纺织纤维、面料为主体，以高性能产业用纺织品为突破口，积极探寻科技创新基因，同时快速建成以双向拉伸尼龙薄膜（BOPA）、工程塑料为代表的尼龙新材料产业；成立高附加值产品推广团队，推动旗下子公司成为2022年北京冬奥会和冬残奥会及2022年杭州亚运会服装原料供应商；根据产品结构的优化配置目标，努力发掘和配合中高端客户需求，进一步提高企业中高端产品的市场份额。

◆ 踏浪前行　打造行业"金字招牌"

为秉承"协优品质、携想技术、协心同行、携创未来"四大品牌承诺，恒申集团致力于提升产业链核心价值，向全球价值链中高端迈进，打造在全球市场具有话语权和影响力的品牌效应，为中国化工、化纤、新材料产业链供应链高质量发展作出贡献。

为坚持"自主开发差别化纤维，走高端产品"的发展方向，坚守原料高起点、产品高质量的原则，何卓胜多次代表集团参加各类展览会、公益项目、荣誉评选等活动，凭借电视媒体、网络、报纸杂志向广大客户及公众宣传集团品牌和形象。在何卓胜的引荐下，集团与国际领先的综合性品牌战略顾问和设计公司英图博略（Interbrand）开展合作，启动品牌升级项目，正式发布"HSCC"全新品牌命名，对集团文化全面梳理并对集团理念作出全新诠释，使集团品牌工作更加专业、完善、全面。在何卓胜的主导下，集团还与安踏、斐乐、阿迪达斯等几十家国内外知名品牌合作，形成由终端消费品牌带动上游企业对恒申品牌产品的需求，进一步扩大品牌影响力。

为遵循"第一时间响应"的原则，何卓胜提出从终端消费品牌商入手，成立了售后服务中心，建立了售后服务体系，由他亲自挂帅，定期召开专题例会，及时响应客户反馈，针对质量问题探讨解决方案，不断健全、完善品牌售后服务体系，全力推动质量攻关。与此同时，"有个我们+"的企业文化贯彻在各个生产环节，将社会责任感、稳定的工作岗位、双赢的客户关系相互融合，为恒申集团化纤板块注入新的活力，创造新的价值。

在不断构建品牌高地的过程中，集团始终贯彻"中国品牌，世界共享"的理念，坚持以质量铸就品牌，以创新引领品牌，以大爱成就品牌，荣获"中国（制造业）十大领军品牌、全国化纤行业优秀品牌贡献奖、全国工业品牌培育示范企业"等重大荣誉，从本土品牌成长为中国品牌，再渐渐走向世界舞台，实现从"打造品牌"到"打响品牌"的转变。2022年9月，恒申集团更是以品牌强度907、品牌价值215.38亿元的瞩目成绩位列中国品牌价值评价信息纺织服装鞋帽领域第八名（福建省化纤行业第一位），助力中国品牌经济发展。

◆ 聚焦双碳　绿色力量环保先行

与时代同行，与社会共进。一直以来，恒申集团都把扶贫、公益、健康、绿色环保作为企业发展和品牌建设的核心，以实际行动积极承担优秀民营企业的社会责任，发挥引领作用。

在经济飞速发展的时代，生态环保成为人们的一大关注点。恒申集团在开发新产品、扩大产能的同时，秉持绿色环保的理念，严格执行有关部门的要求，将"节能减排、低碳环保"贯彻落实，旗下多家子公司先后获得"国家级绿色工厂""化纤行业绿色制造先进企业""绿色贡献度银钥匙奖""石油和化工行业绿色工厂"等荣誉称号。

2021年10月，在何卓胜的主导下，恒申集团与中国华电集团有限公司福建分公司正式结成战略合作伙伴关系，在分布式光伏项目、供用热、供用电、氢能产销、智慧能源平台项目等方面展开深度合作。同年，恒申集团欧洲荷兰工厂宣布已经成功将每年二氧化碳排放量降低0.6兆吨（相当于34.1万辆轿车的二氧化碳排放量），该举措促进了恒申集团国内工厂节能降耗，为"碳中和"贡献恒申力量。

从产品设计到生产全程，恒申集团始终坚持以"绿色环保"先行。2021年12月，在何卓胜的带领下，"高品质有色原位聚合聚酰胺6切片和纤维产业化关键技术及成套装备"项目荣获中国纺织工业联合会科技进步奖一等奖，为锦纶黑丝的产业化应用提供了坚实的技术基础。

近年来，恒申集团与荷兰埃因霍芬理工大学、荷兰瓦格宁根大学、中国科学院福建物质结构研究所、福建省石油化学工业设计院有限公司、东华大学、闽江学院等多个高校和科研院所建立产学研长期合作关系，借助高校的前沿理论研究基础，优势互补，及时掌握纺织行业的技术发展变化。

2022年4月，何卓胜主导参与权威机构的"双碳"认证工作，使集团内部实施标准化的可计量、可核查的碳足迹管理。相较于常规纤维，恒申集团每生产1吨再生锦纶丝可减少3.2吨碳排放量；"申美丝"集吸湿、抗菌、消除汗味、凉感、速干等功能于一体，织制成的面料亲肤且舒适；原液着色黑丝无须染色，比白丝织布染色节约水耗55%、减少能耗54%、少排放COD（化学需氧量）34%、少排放二氧化碳59%，环保意义重大。

随着微塑料对环境、生物的威胁、危害问题引起越来越多的关注，可降解产品成为时下聚焦且热切的主题。恒申集团重视自身承担的社会责任，主导"尼龙6母丝纺丝专用数学模型及结构在线监测""超细旦高强度锦纶6长丝关键技术的研发""高品质有色原位聚合聚酰胺6切片和纤维产业化关键技术及成套装置"等项目的攻关研究，从环境保护和生物健康安全方面出发，将致力于可降解聚酰胺及其衍生物制品的研发工作，保障产品性能品质的同时，助力实现生态环保可持续的发展目标，为集团的绿色发展之路作出了突出贡献，实现了人与自然和谐共生长。

"丰富我们的产品规格、创造新的应用领域，能够使我们在整个锦纶丝市场布局中更加全面，从而最大限度避免因市场剧烈波动而带来的生产经营波动。"化纤之路行至今日辉煌灿烂，谈及对未来的发展规划，何卓胜目光坚定，"我希望市场能够更加多元化，这也是我未来将着手优化的重点工作。"在纺织这个历久弥新的传统行业里，何卓胜找到了不一样的归属感与使命感。

坚持创新核心地位　对标世界一流

北京中纺精业机电设备有限公司总经理　薛学

薛学

2001年，薛学入职北京中纺精业机电设备有限公司（以下简称中纺精业），在这20余年中，薛学从技术员到总经理，无论是在基层，还是在管理层，他始终勇挑重担，敢于创新。在他的带领下，中纺精业深入贯彻落实创新驱动发展战略，坚持创新核心地位，对标世界一流，始终坚持把做精做强主营业务作为公司发展目标，致力于化纤纺丝关键设备热牵伸辊的科研开发与加工制造。目前，公司产品性能达到国际先进技术水平，被广泛应用于碳纤维、绿色纤维、涤纶、锦纶、丙纶等高性能纤维领域，为国内外纺织化纤行业提供了具有先进技术水平的设备与优质配套的技术服务。

◆ 科技创新　填补国内空白

薛学在任中纺精业总经理之前，作为中国纺织科学研究院的青年科研骨干，科研成果显著。作为项目负责人或参与人，他先后承担了国家科技支撑项目、中国纺织工业联合会项目、中国纺织科学研究院项目及公司项目等20多项，研究成果曾获中国纺织工业联合会科技技术进步奖二等奖1项，北京市朝阳区科技发展进步奖二等奖1项，中国纺织工业联合会科学技术进步奖三等奖1项，中国通用技术集团科技进步奖三等奖1项，获中国纺织科学研究院企业科技创新组织奖1项，中国纺织科学研究院企业科技创新科技成果转化应用单项奖1项，发表科技论文8篇，获得国家专利授权10余项。他主持了高频热辊及温度控制系统的一系列研发项目，开发了一系列高频热辊及温度控制系统设备，技术水平处于国内领先，达到国际先进，在国内外推广销售200多套高频热辊及相关控制系统，实现了科研成果产业化，作为技术骨干承担碳纤维原丝用热辊技术开发的一系列研发项目填补了国内空白，技术水平达到国际先进。另外，成功开发各种热辊温度控制板、驱动板、显示设定板、通信模块等产品。

2016年在担任中纺精业总经理后，薛学带领公司团队，每年均超额完成各项经营预算指标，自2018年中国纺织科学研究院设置总经理奖励基金以来，每年都能获得总经理奖励基金奖项，包括经营业绩奖、转型升级奖、市场开发奖、科技成果转化奖、优秀专利奖、科技创新工作奖等。

薛学注重科研创新，2022年中纺精业研发经费投入约639万元，研发经费投入强度为10.67%，在高模低收缩热辊、无油冷热辊、芳纶用热辊、差别化绿纤用热辊、绿纤长丝用热辊、碳纤维热辊方面均取得一定进展。

2022年公司申请实用新型专利4项、发布企业标准6项，新签多项工业丝项目，为国内大型工业丝企业转型升级提供内生动力；推出多款小型智能化热辊及其控制设备，着力打造适合实验室级别的纺丝应用，高效辅助科研人员进行深度研发。

◆ 助力生产TG800国产碳纤维　为奥运添彩

薛学带领公司科研人员研制的碳纤维原丝烘干致密化用热辊在高性能碳纤维应用方面，助力生产T300、T700、T800、T1000等产品，截至2022年，应用于中国石化以及其他领域共计15个项目，已充分得到行业内认可，有力支撑了国产碳纤维高质量发展，对突破碳纤维原丝、氧化碳化丝关键设备的国外封锁，实现高性能碳纤维生产装备国产化自供给，助力装备产业供应链国产化具有重要意义。目前采用公司碳纤维热辊生产的碳纤维已应用在歼-20等系列先进战机、冬奥雪车等重要装备上。

2022年2月，中纺精业以纺织科研硬实力为奥运盛会添彩，公司供应的碳纤维热辊，助力生产TG800国产碳纤维，被成功应用于奥运雪车和雪车头盔制作，为中国奥运健儿勇超极速保驾护航。

作为项目负责人，薛学带头成功开展高模低收缩热辊、工业丝智能热辊等技术研发项目，"工业丝智能热辊技术开发"项目通过中国纺织机械协会科技成果鉴定，项目技术达到国际先进水平。

◆ 对标世界一流　做精做强主营业务

在薛学的带领下，2022年度及2020～2022年任期，中纺精业均被评定为A级企业。

　　薛学积极推动产业协同发展。中纺精业生产的热辊作为纺丝生产线的核心关键部件，与其他相关国产装备形成协同效应，共同提高国产设备整体竞争力。2022年积极推进与兄弟单位的合作，参加兄弟单位举办的福建泉州产品推广活动，进一步加大市场推广力度，发挥产业协同作用。

　　薛学对标世界一流，始终坚持把主营业务做精做强，通过对标寻找差距，明确自身核心竞争力。在他的带领下，中纺精业的技术水平和产品具备持续稳定的核心竞争力，重点产品热牵伸辊经过多年发展已在传统化纤装备领域达到国际先进技术水平，行业内口碑良好，市场认可度高。中纺精业的产品规格齐全，可满足客户的个性化需求，同时能提供更好的售后服务，可向市场提供不同规格的碳纤维原丝用热辊和碳纤维碳化用热辊。

　　中纺精业的成绩引发媒体聚焦，2022年10月，北京电视台、今日头条、搜狐新闻等各媒体平台对公司进行了专访报道，充分展示了公司在业内的探索与突破。2022年，薛学代表中纺精业参加第七届"创客中国"北京市中小企业创新创业大赛，以"碳纤维热辊成套设备项目"成功进入决赛，通过路演的形式向专家评委和观众展示了公司多年来在本领域的专业人才、先进技术和产品开发等的优势积累，进一步树立品牌形象，扩大宣传效应。

　　2022年中纺精业申报北京市"专精特新"中小企业，以强劲的产品研发能力、科技创新能力和市场拓展潜能被评为北京市2022年第四批"专精特新"中小企业，打造了专精特新品牌，发挥专精特新优势。

　　中纺精业用不变的技术探索、研发创新、市场开拓实现了国内最大、实力最强的热辊生产企业的目标。薛学表示，公司将继续提升企业创新能力与核心竞争力，践行国企使命担当，持续为行业高质量发展贡献力量。

以新国货品牌的姿态全新出发

福建鸿星尔克体育用品有限公司董事长　吴荣照

　　福建鸿星尔克体育用品有限公司（以下简称鸿星尔克）诞生于晋江——著名的"晋江经验"发源地。作为一名晋江人，董事长吴荣照相信，只要秉持"始终坚持在顽强拼搏中取胜"的信念，就有克服一切困难的勇气。这些年来，"晋江经验"始终不断地激励着吴荣照，给鸿星尔克指明了前进的方向。

吴荣照

　　如今，得益于国力的壮大和国民文化自信的提升，国货品牌崛起。吴荣照表示，有幸处在这个好时代，鸿星尔克将始终坚守为用户创造价值、做高性价比国货产品的初心，苦练内功、厚植实业、强化创新，为中国品牌迈向世界而努力奋斗。

◆ 科技领跑　以创新引领消费升级

　　鸿星尔克自成立之初即明确提出"科技领跑"的策略。作为一个成立23年的国产运动品牌，吴荣照带领鸿星尔克始终立足于体育用品行业，以创新引领消费升级，塑造品牌发展新优势。

　　吴荣照坚定提出公司的战略是"专注运动科技"，重视科技创新，注重研发，建立了300多人的技术研发团队，成立了行业内第一家中国合格评定国家认可委员会（CNAS）国家级认证的鞋服检测机构，还主动带领团队与国家权威机构合作建立"极克未来实验室"，展现国产运动品牌的科技硬实力。以"创新力"赋能"硬实力"，促成公司至今400多项高质量专利技术的积累——成为"国家知识产权示范企业"，入选"2021民营企业发明专利500家"榜单，多次获评福建创新型民营企业100强、创新型示范企业、高新技术企业等。

吴荣照多次强调，集团全员特别是研发团队要秉承"年轻、时尚、阳光"的品牌使命、"科技新国货"的品牌策略和精益求精的匠心精神。引导公司不断在产品的科技创新和绿色低碳上发力，大幅度提升研发经费的投入、高起点组建新型研发机构、加强与高校研发机构的深度合作、共创计划开发模式，鸿星尔克正在开启强创新、高质量的科技创新时代。

燚能科技、冰爽科技、奇弹科技、弜弹科技、氙科技……不断打造尖端科技产品，一款款集高颜值与高科技于一体的新品，成为市场上独具一格的运动装备，成为品牌战略的强力支撑。同时，这些产品在专业层次做到了极致，如跑步背心、速干短裤、轻薄的皮肤衣等适合国人的运动装备，独具科技魅力，可有效减少运动时出汗和运动摩擦，在提升拉伸度、更轻薄等方面实现突破，向世界展现了中国品牌的科技力，将时尚美学与运动科技相结合，以"创新力+文化力"赋能鸿星尔克"产品力"。对于2023年倾力打造的马拉松全掌碳板跑鞋——芷境1.0，吴荣照从研发、设计到测试全程参与。该产品集各种研发成果于一体，配备顶尖工艺的氙科技中底和前掌上翻异型碳板，是鸿星尔克在服务3000万+跑者基础上，结合了上万名国人脚型和"国马一姐"李芷萱及百位精英跑者数据的共创成果。此外，携手上海体育学院运动技能研究中心，将运动生物力学更全面地应用于跑鞋的设计和研发，收集跑者数据，实地上脚测试反馈，历经数千次测试修改和一年多的反复调试，芷境1.0才正式上市，并一跃成为年度马拉松跑鞋界最大的黑马。

◆ 让国货品牌讲好中国故事

品牌强国，文化兴邦，中国品牌不仅是产品的缔造者，更是文化的传播者。吴荣照本着继承弘扬中华优秀传统文化的决心，带领企业打造国潮，厚植文化底蕴，深挖品牌内涵，与国家京剧院、中国航天、河南博物院等进行深度合作，将中华优秀传统文化融入产品设计，构建东方流行美学。公司为此创办了"青年共创设计大赛"，从多维度开放共创平台，与更多青年设计师携手创造，让国货品牌讲好中国故事，弘扬中华美学。

在2022年中国国际时装周上，鸿星尔克特别推出"鸿星破晓""鸿雁传书""惊鸿而出""鸿耀中国"四大主题产品，四大主题不仅各为篇章，而且承上启下——从中国传统文化中走出，到文化元素符号传承融合，接续现代科技文化艺术的解构再融合，最终在红色星星主题元素中汇聚、升华，整体以绿色、蓝色、红色为基调转换，通过产品的设计升级，以运动科技为产品赋能，带来全新的科技国潮盛宴。

在节能环保研发方面，鸿星尔克也一直走在行业的前列。早在公司创立初期，鸿星尔克就成为行业第一家使用环保水性胶的企业，虽然成本高、工艺难度大，但由于更环保、更低碳，公司坚决应用直到现在，为此公司也成为较早一批获得"中国环保产品认证"的企业。如今鸿星尔克持续加大再生原材料、可降解原材料的开发应用，在2021年投放一款融合回收塑料瓶纤维产品的基础上，又专注对咖啡渣、玉米秆等生物型材料的应用，推出融合板蓝根纤维的新产品。在吸纳多种环保材料，抵消或减少生产对环境的不利影响的同时，鸿星尔克也十分注重宣传推广，有效地将环保理念传递给消费者。

2023年5月，以"践行社会责任，推动品牌高质量发展"为主题的中国企业社会责任高峰论坛在上海举办，凭借在社会责任、绿色可持续发展等方面的卓越贡献，鸿星尔克从众多参选企业中脱颖而出，斩获"环境、社会及治理（ESG）年度案例"。

◆ 把最好的产品带给消费者

"打造全球领先的运动品牌"是鸿星尔克创立之初就立下的品牌愿景。23年来，鸿星尔克的领导者怀揣这一愿景初心，坚定信念，筚路蓝缕，兢兢业业，带领一批又一批鸿星尔克人攀登一座又一座高峰，为实现这个品牌愿景不断拼搏，勇于挑战。

优秀的企业文化是鸿星尔克塑造良好形象、持续正向发展的内在动力。

吴荣照凝练出鸿星尔克发展"树立正气　坚持学习　勇于担当"的十二字世界观和方法论作为精神引领，打造品牌核心竞争力。在这一精神引领下，鸿星尔克人一直在为打造"诚信、创新、协同、高效"的品牌形象而努力。同时，"脚踏实地"地坚信"品牌是干出来的"，这种文化基因已深深植根于每一位鸿星尔克人的血液中，成为鸿星尔克人的典型个性和形象特征。

吴荣照说"诚信"，不是用嘴说，而是不打折扣地落实到行动上。在公司，上至董事长下至普通职员，要坚决做到"言必信，行必果"。吴荣照要求不管是对员工还是对客户，只要是公司作出的承诺，就一定要兑现，不能食言。说到货款问题，在买方市场条件下，买方拖欠卖方十天半个月的货款，在一些人看来算是很正常的。但在鸿星尔克，吴荣照要求严格按照合同约定的付款期限支付货款，绝不拖欠，甚至有时会从供应商实际困难考虑提前支付货款。正是由于鸿星尔克文化的引领和导向作用，保障着公司的行稳致远。

23年坚持做好品质的鸿星尔克已经成为消费者心中的"国货之光"，有这样的口碑是品牌的荣幸，也是坚持的方向。吴荣照提出公司要把"为用户创造价值，做高性价比的国货品牌"作为企业基本准则，秉承老一辈的匠心精神，要有专注力和使命感，一针一线做好每一件产品，要做"国人的鸿星尔克"。公司本着"脚踏实地"

的经营理念，全心专注于实业经营和发展，坚守实业，让公司的业绩保持稳健良好的发展势头，推行"三圆同心"联动质量管控，助推质量管理升级，同时倡导追求完美，力争把产品做到最好、把品牌做到最好、把事业做到最好。

强有力的产品质量是支撑企业过去、现在和未来的竞争优势，成为企业在市场竞争中掌握主动权的有力抓手。鸿星尔克在对产品质量的极致追求中，实现了企业核心竞争力的打造，履行了对消费者诚信的守望。借力新一代信息技术，鸿星尔克走上了智能制造转型之路，提升了生产工艺水平及产品质量。在生产线上生产的每一双鞋都必须经过四道关：原材料合格鉴定关、工位生产技能关、产品质量检测关和每批产品抽测关，哪一个环节发现问题都不允许出厂。每款运动服都经过反复高温洗涤、防色脱落、防丝线迁移等严格测试，每批运动鞋的鞋底材料都要接受超6万次反复折压和70℃、–20℃极限温度测试，以及防开胶等多个技术指标测试，层层把关把最好的产品带给消费者。

吴荣照表示，鸿星尔克将继续坚持科技引领企业发展，"科技投入+质量把关"双管齐下，打造出适合国人的高性价比产品，为"全球领先的运动品牌"目标打造核心竞争力。

诚心织梦初心不改　百年一棉再启新篇

无锡一棉纺织集团有限公司董事长　周晔珺

作为中国制造星辰大海中的一朵浪花，无锡一棉纺织集团有限公司（以下简称无锡一棉）以自己的百年成长，见证了中国制造的蝶变与辉煌之路。正因身处伟大的时代，才能成就百年民族工业的辉煌，而以实业为基的无锡一棉也不负时代，为中国纺织行业交上了一份令人骄傲的百年答卷。

作为无锡一棉的掌门人，周晔珺一直都是媒体的焦点。周晔珺有着一种女性管理者的细腻柔和与决策者理性而坚毅的强大气场。这股柔中带刚的性格，让这位纺织界"铁娘子"带领下的无锡一棉，每次面临困境，总能坚定前行，通过不断创新，实现自我突破。

周晔珺

◆ 敢为人先　引领纺织技术进步

2001年，建厂已80多年的无锡一棉，在全国棉纺织行业率先引进当代国际最先进的紧密纺纱技术，第一个在国产细纱机上嫁接成功。以后无锡一棉通过消化移植、自主创新改进，获得了质优价廉的推广优势，使紧密纺纱技术改造逐年扩展，至2010年，发展成为全球最大的50万纱锭的紧密纺纱生产基地。

在引进、扩展的同时，紧密纺纱技术性能与应用的研究也取得突破，周晔珺组织的"高性能紧密纺纱关键技术研究及精品开发"项目，在2003年获得了江苏省科学技术进步奖三等奖。无锡一棉在这方面的成效，引发了全国棉纺织企业紧密纺纱技术的改造热潮，成为引领行业技术进步的典范，获得了江苏省政府颁发的"技术进步重大贡献者"和中国纺织联合会颁发的"科学技术奖"。

以此为基础，周晔珺打造了以"特高支"为标志的技术优势，使无锡一棉成为全行业中最早开发和批量生产300支特高支纱的企业。2014年，周晔珺等人研究的"超高支系列紧密纺纱线项目"，获得了第十二届江苏纺织技术创新奖；特别是"特高支精梳纯棉单纺紧密纺纱线研发及产业化关键技术"项目，使企业和周晔珺个人双双获得中国纺织工业联合会颁发的"2014年度科技进步奖一等奖"。无锡一棉成为江苏省"高新技术企业"和教育部定点的纺织"国家级工程实践教育中心"。

在工作中，周晔珺坚持"每个岗位满负荷工作，每一项工作行之有效"的劳动高效理念，借助逐步完善的信息化体系，实施精细化管理。通过工作法多次创新、调整运转班制、开展员工多工种培养、划小部门核算单位、施行运转一线全额计件制等一系列举措，进一步打造劳动高效型企业。结合加速智能化改造，不断提升企业劳动效率，万锭用工由过去300多人减少到现在的15人左右，达到先进生产线10人以内的全国棉纺织企业最好的用工水平。

◆ 率先探索两化融合与智能制造

近年来，在新一轮科技革命和产业变革中，智能制造已成为世界各国抢占发展机遇的制高点和主攻方向。以自主创新为犁杖，深耕智能制造，加速转型升级，加快迈向全球价值链中高端，打造国际竞争新优势，是无锡一棉面向未来坚持的方向和目标。

作为中国棉纺织行业"两化融合"最早的探索实践者，无锡一棉在周晔珺的带领下，从2000年开始现代信息化应用，结合新厂区建设逐步创建了比较完整的信息化体系，建立的传感网络覆盖了成品、安全、电能、生产过程、环境5个领域；运用的企业资源计划（ERP），形成了物流、资金流、信息流、人力资源集成一体化高效管理体系；通过互联网、电子商务平台等构筑线上线下结合的销售模式，实现了信息化与生产、管理、经营的良好融合。

智能化建设的持续推进也让无锡一棉收获了众多行业荣誉：2011年，成为全国纺织工业两化融合突出贡献企业、全国纺织工业两化融合示范企业；同年，《基于信息化的高效棉纺织企业建设》荣获了中国纺织工业协会颁发的管理创新成果大奖。2013年，无锡一棉作为工业和信息化部两化深度融合项目——《基于在线生产监控的棉纺织行业企业管控集成试点与推广》4家试点企业之一，在扬子江棉纺车间开展了"智能生产"的探索。2015年，首批成为通过国家级两化融合管理体系评定的贯标企业。2018年被中国纺织工业联合会授予"纺织行业智能制造试点示范"，荣获"高支紧密纺纱智能工厂信息化工程创新应用一等奖"。2020年获得工业和信息化部"工业数据分类分级应用试点企业"的荣誉。通过两化融合，无锡一棉用信息化辅助管理的成功探索为中国传统棉纺织企业创建现代管理手段和方式树立了新的示范。

◆ 打造一流产品品牌

周晔珺依托"紧密纺""特高支"技术优势，推动产品向"高支化、特色化、精品化"方向发展。高品质的紧密纺纱、特高支纱和特种混纺纱的生产能力在同行业中处于领先地位。

周晔珺组织实施品牌标准化战略，制定明确的品质标准，使无锡一棉在同行业中率先形成标准产品和（客户）定制产品专业化生产格局，"TALAK"纱线品牌成为紧密纺纱线的行业标杆，其品质标准成为许多同类企业的交易标准。

在国际市场，无锡一棉的TALAK®品牌商标在欧美等55个国家和地区注册；纱布产品配套国际高档服装面料和家纺产品，与国外著名品牌、一流企业对口链接，成为世界顶级的色织、针织面料用户的配套供应商，被欧洲客商誉为全球最优秀的棉纺织工厂之一。TALAK®品牌获"中国名牌"称号；生产的色织纱、针织纱历年获中国棉纺织行业协会、中国针织工业协会"用户满意色织用纱精品奖""用户信得过优等产品"和"最佳针织纱供应商"等荣誉；"TALAK"本色纱布获中国棉纺织行业协会"最具影响力产品品牌"与"江苏省重点培育和发展的国际知名品牌"。

◆ 走出国门　投资埃塞俄比亚

2019年，在无锡一棉百年华诞庆典上，无锡一棉埃塞俄比亚项目正式投产，这个规划征地51公顷、规划投资建设30万纱锭、总投资约2.2亿美元的项目将被打造成为埃塞俄比亚棉纺织业最大的生产基地。未来该项目将通过与国际一线品牌合作，生产配套高档色织、针织、家纺产品，也将配套非洲民族服装生产线，同时与国内企业建立合作关系。

一直以专业、稳健著称的无锡一棉，为何将海外布局首站选在非洲？面对记者的疑问，周晔珺讲述，在经济学家林毅夫的一场报告中，其介绍说非洲是全球唯一没有开垦的处女地，深深触动了她的内心。面对国家"一带一路"倡议，以及国内纺织生产要素方面遇到的瓶颈，作为一家以做"国际一流纺织企业"为目标的百年企业，在产品早已国际化的现状下，如何实现企业实质性地"走出去"成为决策层越来越多思考的问题。

然而，从零到一的过程并非一帆风顺，在周晔珺看来，海外创业的过程也是一个不断创新的过程。"现在的非洲，就如同30年前的我们。作为百年来专业专注'纺好纱、织好布'的无锡一棉而言，我们有自信，可以预见美好的未来。"没有水，自建水库完成生产、生活用水的自给自足；没有人才，实施本土化人才培训战略；输出技术，输出管理，用实际行动，实现无锡一棉新百年的梦想。"目前一期10万锭工程已经顺利运行，努力将无锡一棉埃塞工厂创建成为中非纺织合作的标杆示范工厂。"

"传承+创新，打造经典"，是周晔珺提出的无锡一棉核心理念。传承实业强国之志，创新企业转型之路，在周晔珺的带领下，无锡一棉成为行业"十三五"高质量发展领军企业，保持了中国棉纺织行业排头兵地位。现在的无锡一棉正在向建设世界一流高端纺织企业持续稳步迈进。

开启"轻衣薄服，春装冬穿"新体验

北京中科海势科技有限公司董事长　段宇晶

段宇晶很忙，作为北京中科海势科技有限公司（以下简称中科海势）的创始人，她把全部精力都扑在了公司的创新产品——SYCORE-TEX拓扑柔凝胶轻薄保暖调温材料上。她带领中科海势一路向前，研发新品、洽谈合作、国内外参展……她奔走在国内外，不是在客户的公司，就是在各种创新创业大赛的路演现场，最终总也少不了上台领奖这个环节。

段宇晶

◆ 凭借超凡实力　屡屡在国内外获奖

2023年10月30日晚，德国纽伦堡颁奖典礼刚结束，中科海势董事长段宇晶就发了一条朋友圈：刚夺得第75届德国纽伦堡国际发明展金奖。朋友圈记录的时间是北京凌晨4点。熟悉的人都知道，由中科海势研发的SYCORE-TEX第三代技术拓扑柔凝胶（Topological Softgel）制造的轻薄保暖调温材料再次得到国际权威机构认可。段宇晶介绍说，此次中科海势只带了一个项目参展，和其他国际知名公司的众多项目角逐，斩获金奖实属不易。

早在2023年4月30日，段宇晶就曾带着同样的产品出现在第48届日内瓦国际发明展现场，从展会40多个国家参展的1000多个项目中脱颖而出，在全球发明者的最高竞技场上大放异彩，夺得大会金奖。这是拓扑柔凝胶新材料首次在国际上获奖，让段宇晶惊喜不已。中国驻瑞士大使王世廷专门到中科海势展位参观，对中科海势的产品颇为赞赏。

段宇晶的目光紧盯着那些世界最顶尖的展会。2023年6月4日，有着户外运动设计界奥斯卡之称的2023ISPO国际户外用品博览会在德国慕尼黑举行，拓扑柔凝胶凭借卓越的轻盈保暖性能获得了来自世界各地专业评审的青睐，在来自全球100多个国家的创新产品中脱颖而出，摘得"Fibers & Insulations"（纤维和保温材料）类别"Best Product"（最佳产品）桂冠。

2021年，中科海势就以第一代产品HS获得ISPO该项大奖的"Top10"（全球前10）；2022年，以第二代产品PMN获得"Top5"（全球前5）。每一代产品都有新的进步，让世界轻薄保暖纺织材料领域刮目相看。

屡获国际大奖，这是中科海势科技创新实力的体现。"专利"作为衡量企业创新能力的重要指标，是企业科技创新的重要载体，也是创新型企业建设的核心资产。目前，围绕拓扑柔凝胶轻薄保暖调温材料，公司已拥有9项中国发明专利，5项中国实用新型专利，34项软件著作权，美国发明专利正在实审中。2023年7月，中科海势获得第24届中国专利奖优秀奖，这是我国知识产权领域的国家级荣誉，彰显中科海势自主创新能力与实力得到国家认可。

在行业内，段宇晶也犹如一匹黑马，把行业内的诸多重要奖项收入囊中。

2023年7月，段宇晶的名字出现在"2023中国服装行业年度科技创新人物"的榜单中，这是中国服装协会首次设立的服装领域科技人物奖，段宇晶毫无争议地上榜。

同年8月，段宇晶获得2022中国纺织行业年度创新人物。面对其他19位获奖的行业精英，段宇晶颇感意外，从名气上论，她自认为应该是最弱的一位。她谦虚地说，这是中国纺织工业联合会的评委们看到了中科海势的实力，是对拓扑柔凝胶新材料的期待和肯定。

同样在8月，2023"创客丝路 创新设界"中国纺织服装创新创业大赛总决赛在绍兴市柯桥区举行，中科海势以"材料科技专题赛"第一名的成绩入围柯桥总决赛，并一举拿下总决赛的冠军。这项历时5个月的赛程，中科海势过五关斩六将，在近600个项目中脱颖而出拔得头筹，证明了中科海势在纺织服装领域的科技实力和创新能力。

类似这样的创新大赛还有很多，中科海势均取得了出色的成绩。

2021~2022年连续2年，中科海势进入中国纺织服装行业年度精锐榜，成为十大科技驱动榜样，段宇晶成为十大年度人物。评语是这样写的：进入超薄保暖调温材料领域后，段宇晶只用了短短几年时间，就引领北京中科海势科技有限公司实现了从无到有、跨界创新到引领行业，让公司成为中国新材料行业的一匹黑马。

◆ 开启"轻衣薄服，春装冬穿"新体验

"70后"的段宇晶虽然拥有北京航空航天大学双学士学位，中国社会科学院硕士学位，但都与材料专业不沾边，毕业后从事珠宝行业赚到了人生第一桶金。有一年冬天，段宇晶的父亲因做腰疾手术，腰弯得直不起来，冬季为了保暖还要里三层外三层地穿，弯着腰穿衣极为不便，她看在眼里，暗暗萌生了一个想法，能不能有一

种材料可以制作出既轻又薄还能保暖的服装，让穿衣不便的老年人或残疾人也能身着"轻衣薄服"轻松过冬呢？

当时已成为天使投资人的段宇晶开始关注这方面信息，并在新材料领域里不断探索。2018年初，新材料成为国家大力鼓励发展的行业，她也十分看好该行业的未来发展趋势，机缘巧合下，她与中国科学院化学研究所合作创立了一家材料科技公司，之后因为一场突如其来的疫情，该公司被上市公司收购。

段宇晶又带领团队，义无反顾地选择第二次创业，成立北京中科海势科技有限公司。中科海势，这个名字蕴含了段宇晶开创一片新天地的抱负。"中科"代表着这家公司带有中国科学院的基因，创新底蕴雄厚；海，寓意是海纳百川，充分利用各种资源，进行跨界整合，这也正是段宇晶最为擅长的能力；势，意味着聚人气成事业，与员工一起，与上下游伙伴一起，聚势合作，共赢未来！

在疫情肆虐的三年，段宇晶及其公司团队成员不仅没有停下脚步，反而一直在与时间赛跑！他们创新开发出的第三代产品拓扑柔凝胶轻薄保暖调温材料，重点解决在纺织服装领域中的一些应用痛点。按照段宇晶的说法，"就是想重新定义'冬装'新概念，简单用8个字概括，就是'轻衣薄服，春装冬穿'"。

传统保暖材料主要通过将棉、毛、羽绒等天然纤维材料或合成纤维材料制成蓬松的絮片，以尽可能多地锁住空气，从而实现减缓人体体表热量与外界冷空气之间的对流、阻断热传导的保暖目的。这种单纯控制热量散失来达到保暖隔热的方式，通常需要以增加保暖材料的厚度和蓬松性，即牺牲服装的轻薄、美观性能为代价来实现保暖性能的提升。此外，传统的保暖材料不防水，吸附水分后絮片发生粘连，保暖性降低；不耐洗，在穿着过程中容易变形、结块、压缩。

段宇晶带领团队研发的新材料是将多相多组分聚合物、功能粉体材料等复合加工成为三维多层次多孔拓扑网络骨架结构，辅以先进的纺织品制造工艺，形成超薄织物。这种复合织物具有超低的热导率、优异的超柔舒弹性、卓越的防风保暖性、轻盈悬垂性及良好的透气性等优势，它可将热量管理空间集中在人体与服装层的微环境，不仅能够实现节能降耗，而且有助于人们应对突变的自然环境。

"用我们最新研发的第三代材料拓扑柔凝胶与传统的棉毛丝麻相融合做成的服装就可以抵挡差不多0℃左右的寒冷。"段宇晶指着自己身上的真丝风衣介绍说。为了测试新材料的效果，段宇晶为自己订做了这样一件能在0℃穿着过冬的真丝风衣。无论是在温暖如春的南方，还是在初寒乍现的北方，她总是身着这件高科技服装出现在人们的视野中。

更令段宇晶团队自豪的是，他们用上千片的材料裁片对标传统的8020、9010羽绒以及聚酯棉服，进行了轻盈保暖透气性的全面检测，获得了国家权威检测机构——国家生态及功能纺织品服装质量监督检验中心出具的全国首个对比分析检测报告，在业内引起了不小的轰动。

这种新材料被命名为"SYCORE-TEX"，中文名叫"毸酷"。段宇晶介绍说，毸的意思是鸟张开羽毛的样子，象征SYCORE-TEX材料之轻盈可与小鸟的羽毛相媲美；又有如花叶舒展之意，预示着此种新材料的未来将会如夏花怒放，大放异彩！

"SYCORE-TEX"超轻保暖调温材料一经推出，即与多个国内外著名品牌公司达成战略合作，同时还成功接到军方订单！使用"SYCORE-TEX"材料研发的防寒靴已经列装，在高寒区域使用后，保暖效果和舒适度得到了军方相关部门的高度认可。"SYCORE-TEX"的出现，完全颠覆了传统厚重棉服、臃肿羽绒服占领冬季服装市场的现状，开启了"轻衣薄服，春装冬穿"的智能服装舒适体验新篇章。

◆ 做一个有品牌的材料商

作为才成立短短几年的初创企业，段宇晶明白，虽然公司科研团队研发出了一种市场前景极佳的高科技材料，但要想把公司做大做强还要借助资本的力量，如此才能为中科海势的发展带来持续助力。2023年3月，段宇晶出现在北京股权交易中心主办的"第三十七期企业集体挂牌仪式"现场。随着敲锣声响起，中科海势在北京股权交易中心科技创新板挂牌。"挂牌北股交、成为科技创新板企业，是我们迈向资本市场的第一步。"段宇晶表示，"既然已经选择了走入资本市场、未来成为公众公司这条路，我们就得从一开始就对自己严格要求、规范操作，未来将会遇到很多挑战，但作为创新型企业，我们也希望能够积蓄力量，在这条路上勇敢坚定地走下去！"其实在段宇晶心里，她在资本市场的下一步是未来几年能够登上深圳证券交易所的科创板，成为一家在深圳上市的科技创新企业。

新材料领域一直都是风投追逐的对象，中科海势的创新从一开始就受到风投的关注。2022年10月，中科海势顺利完成了万级种子轮融资；2023年3月，又有国际著名风投机构和数家国内知名基金跟投。该轮融资被用于持续投入研发、产能提升，以及加速产品推广。

自2018年开始与纺织行业有交集以来，段宇晶目前在纺织业已崭露头角，同时她也对这个行业有了新的认知。她说，中国纺织行业是一个巨大的市场，很多次走出国门后发现，国外销售的很多精美纺织品上面都写着Made in China（中国制造），从这种现象就能看出中国纺织行业在整个世界纺织领域的地位。然而她也发现，这些纺织服装的品牌却不是中国的。

这也是段宇晶在多个场合屡次提及戈尔特斯（GORE-TEX）的原因，这种美国

20世纪50年代发明的防水透气技术应用在面料上，几十年长盛不衰，被人称为"世纪之布"。提起GORE-TEX，人们立刻联想到防水透气面料，带有GORE-TEX吊牌的产品价格更要比不带的高出许多。"这就是科技和品牌的力量。"段宇晶坦言，这正是SYCORE-TEX需要学习的地方。

当下，在中国纺织新材料领域，还没有一个在世界范围内叫得响的品牌。做品牌，无疑是段宇晶心底里最大的梦想：要让世人提起SYCORE-TEX就能联想到轻薄保暖调温材料，中科海势致力于成为一家有品牌的中国材料商！

"只有那些疯狂到以为自己能够改变世界的人，才能够真正改变世界！"这句话是乔布斯的名言。每次在各地演讲到最后，段宇晶总是用这句话结尾，她一次次地重复着，不仅说给听众，更是说给自己。她要让人们相信，中科海势凭借SYCORE-TEX轻薄保暖调温材料一定能够实现"轻衣薄服，春装冬穿；褪酷御寒，温暖世界"。

丰富产品结构　大力开拓市场

河北凤展织带有限公司总经理　温日学

"这批货客户年前就定下了，开年第一单让我们鼓足了干劲。"2023年开年，在河北邢台宁晋县的河北凤展织带有限公司（以下简称河北凤展），公司总经理温日学指着一辆即将驶往浙江的货车对记者说。

作为省级专精特新中小企业，河北凤展主打产品是汽车安全带织带。目前，该公司产品国内市场占有率达20%，服务多家知名汽车品牌。

"我们去年用半年多时间研发出一款新产品，通过在织带表面增加涂层，帮助安全带产生抗菌、抗过敏的效果。"说起公司的新产品，温日学滔滔不绝。温日

温日学

学说，公司还计划增加织机、定型机、裁切机等新设备，建设新厂房，积极开发新产品，为开拓市场做准备。

◆ 增强研发和创新能力

温日学非常重视研发创新，他积极申报专利和国家、省、市级科技成果奖，树立通过自主创新，创建核心技术自主知识产权的意识。河北凤展的专利授权总量逐年递增，发明专利占专利总数的比例逐年增加。同时与科研院所、高等学校和重点主机厂实行产学研用的有效结合，由传统的产学研联合模式向产学研用战略联盟发展，合理配置资源、有效整合优势、增强研发和创新能力。

温日学认识到，品牌是企业的重要形象，他通过企业内部整合和全员培训，使品牌建设的内容渗透到企业经营管理、产品研发生产、销售和营销等环节。通过各项品牌识别元素、直销活动、展会、网页、专业杂志、企业资料、大型推介活动、新闻发布等形式引进品牌的传播，使用户认知企业、认知品牌、认知产品，并积极慎重地申报国家和各级政府认可的、不以营利为目的的评价和奖励项目，提高企业和企业品牌的知名度和公信力。

在产品结构方面，河北凤展进一步丰富产品结构，大力开拓市场，形成高中低端军工、民用、车用、航空用等各系列产品。加强新产品研发工作，并不断增强产品设计和产品定制能力，努力生产出更多性价比更高的新产品。

近年来，河北凤展根据客户要求生产出了一系列不同性能、花色的织带产品，满足各种使用场景的需求。针对不同需求，可以满足强度高、受力均匀、不导电、无触电危险、轻便、柔软、安全系数高、使用寿命长、对腐蚀有很好的抵抗力等性能要求。同时开发了带Logo的个性化织带、低燃烧速度高氧指数织带、防菌抗病毒织带等特殊要求的织带项目，并赋予其防水、抗静电、抗紫外线、发光、发热等创新点。广泛用于汽车行业、航空、航海、安全防护、高空作业、救护救援、户外运动、极限运动等场景的使用需求。

河北凤展多方面选用各种功能性材料（如涤纶、锦纶、芳纶、复合材料等），使成品织带满足各种性能要求。从组织体系、资金投入和人才开发等方面，加强企业研发机构建设，提高企业技术创新能力。公司研发机构成为企业发展战略和发展规划的研究中心，信息化的集成中心，市场调研和开拓中心，产学研联合中心，新产品、新技术、新设备、新工艺、新材料的研发中心，知识产权创建和管理中心。不仅进行近期企业生产经营所必需的技术开发，而且进行前瞻性的研发，使企业有3～5年的技术储备。

◆ 完善、深化绿色工厂建设

绿色低碳目前已经成为社会共识，也是纺织行业倡导的现代化产业体系的目标之一。

河北凤展以绿色领导工作小组为核心，进一步完善和深化绿色工厂建设工作。任命温日学为绿色工厂最高管理者，主要负责分派绿色工厂的相关职责和权限，确保相关资源的获得，实施绿色工厂的相关培训教育工作，推进完成绿色工厂的建设任务。

温日学通过管理手段强化全公司绿色低碳意识，加强设备绿色低碳技术改造，合理调整运行方式，提高设备效率；积极进行节能减排、清洁生产：从源头削减能源用量。优化能源消费结构，使能源得到高效率、高质量的利用，同时促进公司循环经济的发展；做到合理有效地利用技术、人力和物质资源，规范、系统、积极地实现体系的自我执行和自我监督机制，并根据客观条件的变化及时对体系进行调整，保证环境和职业健康安全方针、目标和指标的实现，保持环境和职业健康安全管理体系的持续适宜性；采购部采购时，进一步购买和使用对环境友好的产品和服务，支持环境、健康和安全方面的效率的实现，从源头促进绿色概念在工厂内部落地。

河北凤展的绿色建设也得到了政府的肯定，通过了河北省邢台市三星级绿色工厂评定、国际STANDARD100by OEKO –TEX生态纺织品认证。

◆ 抗击疫情彰显担当

在疫情防控期间，温日学积极响应国家防控政策，转产国家重点防疫物资口罩耳带，与公司全体同仁为打赢、打好这场疫情防控阻击战贡献着自己的特殊力量，用实际行动诠释了家国情怀和企业的责任与担当。

新冠疫情来临前，河北凤展的流水线上生产的还都是以汽车用和工业用为主的织带产品。疫情暴发后，防控一线的口罩消耗量巨大，医用口罩的需求急剧攀升。但由于口罩耳带的市场供给严重不足，造成重点防疫物资口罩极为紧缺。

"口罩能否量产，口罩原材料耳带的供应非常关键，刻不容缓！"这是总经理温日学心里反复出现的念想。

在责任的感召下，温日学一方面第一时间积极履行社会责任捐款、捐物，另一方面"国家需要什么，我们做什么"，带领全体职工放弃春节假期，克服各项困难，火速开启"紧急转产耳带生产模式"：车间腾空清扫、生产设备购置、调试织造设备……积极投身到防疫物资的生产和高舒适性耳带的研发工作中。不计得失破难关，争分夺秒转产能，河北凤展在抗击疫情中彰显担当。

河北凤展充分利用公司作为织带生产企业的优势，凭借现有的优质原材料资源、技术储备和企业研发测试优势，公司累计生产医用口罩耳带材料1921.54吨；医用口罩耳带生产线全面开通，不仅产能拓展进度大大快于预期，而且持续优化生产现场环境、快速提高产品品质、迅速改进佩戴舒适性能。有效地保障了国家重点防疫物资口罩耳带的部分市场需求。积极提升产品质量和产量，为全国乃至世界打赢这场抗"疫"战持续助力。

以振兴民族工业为己任

常州宏大智慧科技有限公司董事长　顾金华

世界级印染数控专家、常州宏大智慧科技有限公司（以下简称常州宏大）董事长顾金华（又名顾仁）在1989年创建常州宏大科技，在纺织印染业默默地耕耘了30余年，为纺织印染业生产设备升级换代、工厂节能减排等作出了重要贡献。

在他的领导下，常州宏大迅速成为国内最具规模、最具

顾金华

实力的专业从事智能化在线检测与生产过程智能信息化管控系统产品研究与制造的高新技术企业、国家印染数字化系统技术研发中心、工业和信息化部"两化融合"试点示范企业，并成功入选"科创中国"2021年度先锐企业荣誉榜单。

◆ 为中华之崛起而读书

顾金华从小立志报国，发奋读书，考上南通大学。大学期间，主修自动化专业，专业学科成绩名列前茅。顾金华毕业不久便发明了止鼾器，并斩获华东区发明大奖。这让他信心倍增，立志报国的种子开始萌芽。他想：再伟大的抱负都要脚踏实地地去做，才能真正实现报国的理想。

于是，他考虑再三，决定辞去国有单位工作，发挥自己所长，成立宏大公司，为纺织印染行业自动化提供科技支撑。他在公司租用的大楼一侧打上了两行大字，以宣誓报国："常州宏大控制技术，与世界同步！"

2003年，常州宏大新厂区投产，顾金华在办公区又打上报效祖国的标语，这也是常州宏大的使命，并成为公司重要的文化基因："努力创新，勤奋工作，以振兴民族工业为己任，报效我们伟大的祖国！"

顾金华把自己的名字作为企业品牌，商标 GuRen。这是他在告诫自己如何做人做事、要仁义、相互支撑和成就；他还自主创建了Hawk Vision 国际知名品牌。原意为"鹰的眼睛"，音译为霍克威视。这是他科技报国的高远视野。

正是有了这样的格局和梦想，才让他默默地在科技创新的田野里守望、开拓了几十年。现在他创办的宏大科技（集团）也成为国家高新技术企业、工业和信息化部两化融合试点示范企业、国家印染数字化系统技术研发中心、工业和信息化部节水技术、工艺和装备推荐单位、国家发改委重点节能低碳技术推荐单位、清华大学博士生社会实践基地等。

◆ 创新不止 引领印染智造新时代

顾金华是个十足的创新践行者。在纺织印染业还盛行着一句话："印染在线检测技术等于常州宏大，有问题就找常州宏大！"

"这个世界从不缺少美丽，而是缺少发现美丽的眼睛。"其实科技创新工作也是如此。发明是基于发现的。顾金华在发现市场价值、客户需求、研发过程中的客观规律、事务本质等方面具有先天性的优势。

在制造水平比较传统的纺织印染业，有没有新的技术及办法可以帮助企业提高产品质量、减少用工、降低材料成本、提高生产效率……他常常用一连串的问题盘问着自己！

当他在生产车间看到印染厂74型联合印染设备生产线虽然比64型单台印染设备先进，但启动时却需要多个工位的工人托着布匹相互协调才能顺利开车，开车后又不能轻易停时，他下定决心要改进这种落后的生产技术。

于是他一头扎进车间，进行系统研究后发现，原来这种沿用几十年的联合印染设备用的是直流共电源，数十个机器共用一个电源，弊端是启动时会有时间差、出现电压不足等情况，导致生产线前面设备与后面设备无法同步启动，因此，启动和关停生产线时都需要数十人站在不同的地方相互协调。经过研究和测算，他确定直流分电源可以为印染厂减少大量人工和能耗，完全能够支撑生产线升级换代。

但是他认为仅仅完成对供电控制系统的智能化，对于整个印染工艺的提升还远远不够。并且不论是直流分电源，还是后来出现的交流变频技术，都会随着时间的推移逐步失去竞争优势。

于是2000年开始，顾金华便布局"印染工艺参数在线检测技术"。2003年后，常州宏大丝光机碱浓度在线检测及自动加碱系统、PH值在线测控系统、含潮率在线测控系统相继研制成功，并获得大奖，开辟了一条新的道路。

2004年，如他所料，共电源控制系统领域市场快速萎靡，几年前的战略布局为宏大的可持续发展奠定了重要且坚实的基础。

还有一次，顾金华到印染企业看到操作工将好好的织物面料刻盘打孔，取出样布称重，以确定织物面料克重是否符合要求。这种实时获取织物克重数据的方法，直接导致织物面料取孔处0.5～1米甚至更多的浪费。顾金华看在眼里，疼在心里。他一细算，每个班每天浪费织物面料近百米，放眼全国，每年印染织物面料大约600亿米，浪费巨大，间接能耗、污染防治等成本更是难以计量。

顾金华再次下定决心，依赖自身专长，对定型工艺、技术、装备等诸多方面进行研究，成功开发出世界首创的HV-GW200智能在线克重仪，实现对生产过程实际克重在线实时直接精准测量、在线电脑记录储存等，解决了人工刻盘称重存在的织物克重问题，极大地减少了生产过程中织物的浪费，确保了产品质量的稳定性，提高了产品的品质。

顾金华科技创新的脚步从未停止。他率队通过30多年的努力，在纺织印染生产工艺各环节逐个攻克在线检测技术问题，为纺织印染全生产线装上了智能化的眼睛及感官，形成了系列应用在"印染工艺参数在线检测""基于人工智能技术的染色机智能系统""节能减排及自动化控制系统""印花机检测系统""基于新一代人工智能技术的定型机智慧系统""新一代基于人工智能技术验布系统"6大板块的核心科技技术，实现全流程数字化在线监控，支撑纺织印染业节能高效、绿色环保、减排低碳的可持续健康发展。

如今常州宏大拥有国家印染数字化系统技术研发中心掌握前沿科技，拥有专利数百项，公司坚持"创新、求精、卓越"的价值理念，引领着印染智造新时代。运用工业互联网、大数据、人工智能开发印染工艺深度学习系统，为印染行业人工智能技术的应用及发展提供坚强支撑。

◆ 提出"开发供应链"全新思路

2015年，国家《中国制造2025》战略文件，为企业科技创新注入了新活力。不过，当时科技创新有3个普遍存在的问题，一是企业遇到的实际技术问题得不到很好地解决，二是高校研发产品大部分无法产业化，三是大多企业把拿来主义当创新。

于是，顾金华根据常州宏大几十年产品研发的布局和落地的经验，提出"开发供应链"全新思路，以改变科技创新遇到的各种问题。他把科技发现、研发创新、技术突破，以及产业化、市场化全流程称为"开发供应链"。这是一个全新的概念，每个环节都不能少，再高级的研发如果不能落地，最终只能束之高阁，变得毫无价值，造成研发资源的巨大浪费。

为完善"开发供应链"，助力国家创新战略，研发出国外没有的更多"高精尖"产品，解决行业的"卡脖子"问题。常州宏大成立了自己的智能装备产业发展研究院，将常州宏大30年的科研技术转化路径进行沉淀，使常州宏大在纺织印染工业生产工艺实现全流程智能化、拥有自己印染工业元宇宙般的映像系统等得到有效整合，把科技创新"开发供应链"进行标准化，将这一成熟的科技创新理念、经验在更多领域实施和运用。

该院成立以来，实施科技创新"破冰计划"，除了从事纺织印染智能化、自动化装备技术的研究与开发，打造具有国际竞争力的纺织印染行业智能化装备，提升国家纺织印染行业智能化、自动化、信息化水平外，还致力于推广更多领域，力争在多个行业开花结果。

国家"'十四五'科技创新"战略、"科创中国"规划，都在引导科技创新比重、政策等由高校研发向企业研发倾斜，为企业科技创新攻坚克难，使其顺利落地，实现产业化。这与常州宏大之声相得益彰，很好地形成呼应。

30多年来，顾金华致力于科技创新，利用基于数字孪生技术建成纺织印染工业现实生产过程中的虚拟立体式、全方位智能影像在线检测系统，成功缔造了一个能够与纺织印染工业交互的元宇宙，以对纺织印染工业自动化、数字化生产过程的各个环节不断进行改造、融合、监测和影响。并且，他立足宏大智能装备产业发展研究院，在国家政策和科创平台的支持下，以缔造能够囊括更多行业的元宇宙，推广至更多的工业领域，甚至应用到学习生活中，以解决我国"卡脖子""缺芯"等问题，为我国科技创新发展战略提供科技支撑和服务。

未来，在顾金华的带领下，常州宏大将继续深耕智能制造，在已有的基础上清晰产品定位、精耕细分市场、专注技术创新，苦练内功、打磨利器，增强核心竞争力，稳扎稳打地完善产业链的每一环，铸就坚不可摧的市场竞争力，和纺织领域的同仁们共同"努力创新、勤奋工作，以振兴民族工业为己任，报效我们伟大的祖国"！

初心、匠心、决心
用"三心"编织工匠精神践行者的精彩人生

江西服装学院理事长 涂燕萍

涂燕萍现是江西服装学院理事会理事长，自毕业那年算起，她在学校一待就是20多个春秋，把最好的年华都贡献给了学校。深入课堂探寻培养模式、拜访业界开拓合作项目……她从工作一线一路走到决策者岗位，用20多年不停奋斗的"工匠精神"编织出一场属于服装教育者的精彩人生！

涂燕萍

◆ 初心铸魂担使命

"我父亲是一个做裁缝出身的手艺人，是国内较早成名的服装设计师、工艺师，并赢得了行业内良好的口碑。后来父亲决定将自己数十年练就的手艺传承给更多人，这一决定，使父亲几十年如一日地将全部精力奉献给了服装教育事业。"涂燕萍谈起父亲涂润华先生创下的这份服装教育事业，眼里满是骄傲和仰望，父亲就是她心中伟岸如山的英雄。"他这一辈子一直坚守做好服装教育这一件事。在专业院校纷纷向综合型院校发展，扩大办学规模的过程中，我父亲一直坚守自己的办学初衷，始终坚守办好服装特色院校的初心，在扎根服装行业办学的初心上，在培养应用型人才的定位上，守住了我们的本色和特色。"

32年来，江西服装学院面对扩招、上市等各种诱惑，始终坚守公益性办学的初心不变。

时间再次证明了当初抉择的正确。江西服装学院作为一所特色院校，始终围绕从"离不开行业"到"行业离不开"的产教融合发展思路办学。在32年的发展历程及未来发展计划中，始终把产业链需求作为办学的逻辑起点，切实做到"学科跟着产业走、专业围着需求转"，使学校的特色更加鲜明，更具有竞争力。

涂燕萍说："我父亲始终专注服装教育，多次对我们说'学校就是我的生命，为了办好学校我可以连命都不要'，这是我父亲最本真的教育初心。就是这种精神，使我更加坚定用心守护这份服装教育事业的决心，这也是我坚守初心的动力源泉。在学校无数次道路选择中，父亲都在用行动告诉我们，'办教育是一份功德无量的事业，必须有强烈的社会责任感，要办就要用心办出品牌'。"

初心易得，始终难守。在江西服装学院千余名教职员工中，跟随涂燕萍一起始终坚守初心的大有人在。有的同事从江西服装学院办学第一天就在这里，至今始终坚守；有的同事大学毕业后的第一份工作就是进入江西服装学院，至今始终坚守。怀揣着服装教育的初心，江西服装学院的教师团队在这里拧成一根绳，汇成一股劲头——传道授业解惑，为热爱服装、追寻时尚的孩子们找出路。而坚守初心也给江西服装学院和江服人带来了很多美好。学校获批"十四五"新增硕士学位授予单位立项规划建设单位；学校"纺织服装产业学院"获批江西省普通本科高校省级现代产业学院建设项目；荣获"全国纺织服装教育先进单位""全国纺织行业技能人才培养突出贡献单位""中国纺织行业人才建设示范院校""中国时装设计育人奖""全国纺织行业职工思想政治教育培训基地"。教职工中涌现出一批省级金牌教授、"全国五一劳动奖章"获得者、"江西省优秀高技能人才（赣鄱工匠）""全国技术能手""全国十佳服装制板师"及"江西省教育系统名师"等。

坚守初心，守来了江西服装学院今天的发展和地位，让江服人更深层次地体会到"不忘初心，方得始终"这句话的深刻意蕴，才有了如今矗立江西辐射全国的江西服装学院。

◆ 匠心筑梦绘愿景

由于中国的服装教育起步较晚，虽然近些年得到很大的发展，但与发达国家相比仍有较大的差距。"中国是服装生产大国、出口大国、消费大国，但不是服装强国，原因是多方面的，但我认为关键在于人才的培养。"涂燕萍觉得自己身上的压力和使命感越来越强烈，"这几年江西服装学院小有成就，我们培养出了9个中国十佳时装设计师，应届毕业生中有9位同学荣获新人奖，但我们要做的还有很多。"她表示，学校正在不断探索深度产教融合方式，提前让学生认识企业、融入企业，小班教学、工作室授课，为企业培养点对点人才。"学生上手快、能力强，是企业能用得上的应用型人才。"

江西服装学院为加快应用型教育高水平建设，引"智"入课，拓展"智能+"的辐射广度和深度。涂燕萍介绍说，近几年，学校大力吸引国内设计大师、名师来校，以项目组形式进行精品化授课。通过理论结合实践的"一体化"教学，设计工作室形式的"沉浸式"学习环境，真正实现新时代下的"产教融合"，构建了"理实融通、多维渗透、学用结合、发展个性"的课程体系，为行业培养精准对口人才。如服装设计类组织了由中国服装设计"金顶奖"获得者武学伟带队的时尚羽绒服类教学班、设计师刘玉婷带领的卡私顿项目班；服装工程类组织了由设计大师张肇达带领的马克·蝶丽奥娜婚纱项目班、殷磊的三维项目班、王秀清的唯衣项目班等，均已经取得了实质的成效。此外，服装工程学院也相继上马了牛仔产品研发项目、男装高级定制、服装IE、服装高级定制项目班（课外）、服装造型设计大师班等。这些小班制教学也成为江西服装学院教育的大趋势。

除了小班制授课试点外，学校也在积极探索专业学院、产业学院、创业学院"三院联动"的人才培养模式，对未来江西服装学院的教育体系进行重新梳理、建设。涂燕萍表示："我们要从顶层设计入手，规划更加合理的课程体系、师资配备与实践基地，更好地实现江西服装学院培养应用型人才的发展方向。"

"党的二十大报告首次将'大国工匠'和'高技能人才'纳入国家战略人才行列。这给予我们定位培养应用型、技能型人才的院校更多的尊重和认可，让我深受鼓舞。"在学校第八届教职工代表第一次会议上涂燕萍如是说，"今天，我们站在了新的历史起点上，民办高等教育同样肩负着新的重大使命，必须加快向高质量发展迈进。江西服装学院如何进一步办出特色、办出水平，在质量上有质的提升，成为新时代民办高等教育高质量发展的先锋队。我们能不能落实好这个任务，更需要我们每一位'江服人'传承好、弘扬好我们的'匠心'，我们每一位老师在技艺上要争做'匠人'，在人才培养上更要用'匠心'给学生传授技能。"

涂燕萍以她特有的智慧和力量，成为一名匠心筑梦的传播者。从经验不足的"小白"到"纺织教育先进"，涂燕萍始终凭着"要做，就要做到最好"的韧劲来要求自己。也是这种精神赢得了一批批有志于服装教育行业的追梦者跟随在她的身边，一同为行业的发展锦上添花，共同朝着"最好"不断迈进。

◆ 决心织出霓裳绵

见证了江西服装学院从无到有、从有到强的32年发展征程，从父辈和兄长手中接过学校发展的"接力棒"，为学校新的征程擘画蓝图，涂燕萍感慨良多。她对学校的历史铭记于心，铭记历史更是为了传承历史，为了推动学校稳健前行，带领大家冲刺"上层次"办学目标。

父辈的工匠精神与言传身教潜移默化地成了涂燕萍工作与生活的信念，她立志要延续家族的匠心传承、永葆初心，"我父亲对行业发展趋势的敏锐洞察、醉心教育诚信办学的工作态度、坚守本心的人生追求，对我产生了深远影响，也坚定了我坚持培养契合行业需求的实用型人才的信心。"

"以生为本、以师为尊"是我们江西服装学院高质量发展的核心。

涂燕萍说道："以生为本是我们办学的根本所在，高质量发展的核心要务就是培养能够适应社会发展需要的优秀应用型人才，而人才培养的关键在教师，今天的江西服装学院亟须建设一批掌握先进教学理念、师德高尚，具有职业精神、工匠精神、劳模精神的四有好老师，这是我们适应新时代高质量发展的需要。我们江服的'以生为本、以师为尊'不仅仅体现在办学理念上，更体现在教育教学，以及各项对师生的服务工作上。"

所以，给到师生的，都是最好的，也力图做到最好。"十三五"期间，江西服装学院投入1.57亿元升级改造了校园环境。"十四五"以来，学校投入0.8亿元新建设完成体育馆及国际学术交流中心，体育馆实施对师生全部免费开放，并投入946.45万元新建"理实一体楼"。同时，还将规划新建传承中华服饰文化的博物馆，对学校技术设施装备进行升级换代，进一步提升教育教学设施条件的数字化和智能化水平，帮助学生具备更好的竞争力，涂燕萍可谓是煞费苦心。

"为师生谋幸福，为社会谋发展"是涂燕萍坚守的又一种使命。学校的高质量发展与高水平的教师队伍是最为直接而密切的，因此，提高教师的能力水平，具有决定性意义。基于此，江西服装学院实施"强师工程"，学校已经引进了21名博士，资助79名自有教师攻读博士。同时，每年拿出千万元，作为鼓励教师开展教学研究、开展社会服务项目的课题经费等。不仅如此，多年来，江西服装学院不断提高教职工待遇，学校人均工资收入在江西始终保持前列；每年为教职工免费体检；改善教职工住宿、办公环境；解决教职工子女上学问题，设立困难教职工帮扶救助基金，为教职工提供安居乐业的家园，不断提升教职工的幸福指数，形成学校与教职工共同成长、利益共享的良好格局。

江西服装学院的服装设计与工程、服装与服饰设计、环境设计等3个专业入选国家级一流本科专业建设点，5门课程获批国家级一流课程。投身教育事业，最大的动力莫过于在此过程中的成就感和价值感。涂燕萍传承父辈艰苦奋斗的创业精神，在平凡的服装教育工作中一直秉承着"敬业、专业、专注、坚持"的工匠精神，坚守初心、践行匠心、下定决心，做服装教育的践行者。也正是因为有了这份优秀的品质，才让她在平凡的工作岗位上带领大家创造出不平凡的业绩。如今，江西服装学院已成为行业内外一张亮丽的名片，成为新时代时尚教育的代名词，成为众多学子追求时尚艺术的殿堂。

32年来，作为参与者、开拓者和决策者，涂燕萍引领江西服装学院在服装教育领域建立起的竞争优势和产业地位，为助推中国服装行业高质量发展作出应有贡献，涂燕萍本人不仅担任中国纺织服装教育学会第七届理事会副理事长，还先后被授予"中国经济女性年度突出成就人物""全国纺织职业教育先进工作者"等荣誉称号，荣获法国蒙彼利埃大学（University of Montpellier）高级工商管理博士项目中心颁发的"伏尔泰奖"。

"新时代赋予我们新的使命，新使命必将开启新的征程。新时代的江西服装学院人既是追梦者，也是圆梦人。"涂燕萍说道，"在中国服装强国之梦中，我希望我们不仅是服装教育的坚守者和传递者，更是它重要的贡献者。"因为坚守初心，江西服装学院焕发新的生命力；因为独具匠心，江西服装学院用进步创造惊喜；因为坚定决心，江西服装学院定会织出最美霓裳。

归国筑梦勇创新　反哺桑梓绘同心

浙江依爱夫游戏装文化产业有限公司董事长　汪维佳

汪维佳是那种哪怕藏在人群中也能一眼被认出来的人。

标志性的波波头，服装行业自带流量的时尚范儿，加上"未见其人先闻其声"，汪维佳在人群中的辨识度很高。

2003年2月，旅居瑞典多年的汪维佳决定回国创业，在家乡平湖创建了浙江依爱夫游戏装文化产业有限公司（以下简称依爱夫）。汪维佳紧盯游戏装生产研发这一细分领域，这样的选择让依爱夫成了游戏装生产领域的探路先锋，这样的专注也奠定了依爱夫今后发展的基石。

汪维佳

◆ 创业创新创名牌

依爱夫最早也是专门给欧美游戏装贴牌加工，这样的模式刚做没多久，汪维佳就发现了问题：贴牌生产企业十分被动，没有主动权，想要长远发展，企业就必须走创新之路，不能完全依赖别人的品牌。所以，尽管当时国外销售市场形势不错，汪维佳毅然带着依爱夫开始走研发之路，成立了由100多人组成的研发团队，建立设计研发中心。如今这个研发中心已经是省级高新技术企业研究开发中心、省级工业设计中心，每年都有1000多款新产品从这个设计中心诞生与消费者"见面"。

随着设计开发能力的不断提升，汪维佳决定走品牌化道路，品牌建设是个长期、系统的工程，除了良好的企业理念，还需要强大的决心和投入。2008年，汪维佳创立"伊佳林"生活游戏装品牌，通过与北欧角色扮演（COSPLAY）服饰文化的结合，给伊佳林赋予了独特的文化创意底蕴。

汪维佳坚持走品牌建设差异化战略，伊佳林作为国内首个"生活游戏装"概念的儿童服饰品牌，这个定位在社会各界得到广泛认可：业界普遍认为这种在生活中可以穿的游戏装，较传统童装更有文化、有创意且时尚新潮。伊佳林上市后迅速以创新、独特、优质、环保的理念获得消费者认可，被评为中国十大童装品牌、中国童装最具文化创新奖、浙江省著名商标、浙江名牌产品。

◆ 严守质量定标准

正如依爱夫的品质口号——精益求精，做铸造品质的典范。汪维佳强调，产品要出口、要代表中国走向世界、要让品牌站得住脚，最首要的一点就是保证它的质量。所以，她引进了欧洲一整套科学缜密的管理制度和质量保障体系，并成立依爱夫专业检测中心，中心有预防、把关、监督、反馈四大工作职能。经过10多年的发展，检测中心由最初的十几平方米扩展到现在2400平方米的专业检测机构。这个专业检测中心不仅有世界先进的检测仪器，更有专业的检测技术团队，有经验丰富、熟悉国际标准的实验室管理人员，它保证了公司多年来在国际市场上没有任何一起关于产品质量上的投诉。

如今，检测中心已经拥有检测资质，作为第三方实验室，为全市、全省乃至全国各地的纺织、印绣花、箱包等企业提供近60多项检测，以及各种检测标准和检测方法的咨询服务。

另外，在汪维佳的推动下，公司起草制定《游戏服装》国家标准，并在2017年12月29日正式发布。制定《游戏服装》国家标准，是中国服装行业发展上具有历史意义的大事，有助于促进文化创意服装业打造提升产业品牌、加快推动转型升级，有助于提升我国纺织服装行业在国际游戏服装标准制定和贯彻等方面的话语权与影响力，有助于推动中国游戏服装行业更好地参与国际竞争，实现从制造大国向标准强国的转变。同时，这是世界首个游戏服装标准，也是中国服装业在国际游戏装标准化工作中的历史性突破，这对提升我国游戏装产品国际竞争力、增强国际话语权具有重大影响。

◆ 文化赋能促转型

多年的努力和不断地积累，使依爱夫进入稳定发展期，汪维佳并没有停下创新的脚步，她开始寻觅企业再次转型升级之路。在2010年中国（杭州）国际动漫节的伊佳林新品发布会上，汪维佳对外提出"伊佳林开心梦工场"这一创新构想，并用四年把它变为现实。

伊佳林开心梦工场是集情景游乐、品牌集合店、亲子休闲为一体的跨界组合，是以"情景变装、文化运营"为特色的一种新型体验式消费，梦工场成为依爱夫转型升级的一个突破口和品牌经营跨界融合的一种有益尝试，是依爱夫完成从低价值链的工业生产到高附加值现代文化创意产业的跨越和结合，标志着依爱夫完成涉足转型文化创意产业发展的创新，也标志着依爱夫"文化+"战略的全面开启。

近年来，依爱夫始终坚持"文化+"战略不动摇，深入发掘以文化为核心元素的跨业态融合，通过"文化+制造""文化+品牌""文化+数字"不断提升核心竞争力、不断激发企业活力、不断增强发展动能，让依爱夫成长为中国最早进入游戏装领域的"专精特新"企业，浙江省文化产业示范基地。

◆ 拓展市场开新局

面对电商发展的风口，汪维佳有了新的思考，成立跨境电商事业部，全力打造自主IP产品，拓宽"品牌出海"的力度。

精心培育的品牌伊佳林随之远销海内外，与国际大IP合作的授权游戏装占据了半数以上的国内市场份额。2022年，有超过百万的海外消费者选择了伊佳林的产品来庆祝节日。

随着伊佳林"中国公主"神秘面纱的揭开，游戏装国风系列的个性化定制IP时代也悄悄开启，汪维佳正让具有中国元素的游戏装品牌成为文化"走出去"的新生力量。正如最初汪维佳所期许的那样，伊佳林已从最初的时代跟随者逐步成为游戏装文化的开创者和引领者，自主品牌出口推动民族文化出口，在"国际化"道路上率先摸索出一套以创意设计优势融入全球游戏装文化的发展模式，连续多年被评为国家文化出口重点企业。

身处文化创意产业蓬勃发展的时代，消费不断升级，汪维佳认为着力打造满足消费者对美好生活需要的产品，是文化品牌得以长盛不衰的核心，伴随着伊佳林品牌文化的成长，汪维佳关于开创游戏装"穿戴玩具"新类目的想法应运而生，在巩固已有装扮游戏服装优势文化产业领先地位的同时，跨界开拓装扮穿戴玩具新领域、制胜新赛道。接下来，依爱夫将深耕"装扮游戏服饰"和"装扮穿戴玩具"这两个千亿级市场，进一步提升产品创新能力，完善特色场景体验消费模式，再次唱响伊佳林"提品质、增品种、强品牌"的"协奏曲"。

◆ 心系家乡助共富

扎根游戏装领域，汪维佳带着的企业一边发展一边积极履行社会责任。依爱夫于2015年起公开发布企业社会责任报告，连续8年社会责任报告获浙江省企业社会责任促进会的权威评价与肯定。

2021年，汪维佳亲自走进大梁山，带去了依爱夫的自主游戏装产品，与偏远角落里的孩子们面对面，和他们一起玩玩具、读书，让孩子真实感受到"陪伴"的温暖，亲身践行企业使命——成为让孩子们开心快乐的使者。

一路走来，汪维佳一直努力践行着责任和担当，积极帮助家乡建设，主动参与社会公益活动，为省、市慈善总会，以及新农村建设、市"五水共治"等捐款近2000万元。这些年，除了为当地民工子弟的孩子送去学习物资，还陆续向西藏、安徽、云南、青海、四川等地的孩子捐赠物资，2022年，汪维佳又捐赠平湖市教育公益基金100万元，积极助力家乡教育事业发展。心系社会公益事业的同时，依爱夫也在疫情中迅速反应，支援抗疫行动。2020年疫情突发时，依爱夫是浙江省应急物资重点定点单位，为提前复工投入防护服的生产，汪维佳积极在瑞典采购疫情防护用品，定点捐赠给当地疾控中心，为助力家乡疫情防控工作出力。

汪维佳表示，未来也将以更大的热情投身公益事业，发扬慈善精神，为社会传递更多向上、向善的力量，为祖国建设和共同富裕贡献自己的力量。

用创新引领演绎"时代气质"

哈尔滨红博商业总经理　王丽梅

"我的情怀一直在梦里，我的梦一直在希望里，我的希望一直在拼搏的征程里，我的征程一直在激情的岁月里。"王丽梅是这样说的也是这样做的。

保持感知时代的敏锐，凭借敢为人先的勇毅，身为中国纺织工业联合会特邀副会长、黑龙江省服装协会会长、红博商业总经理的王丽梅，在改革开放浪潮推动的迭代变迁中，以创新引领，让红博商业这艘巨船乘风破浪、勇立潮头，

王丽梅

从单一批发市场，成长为业态丰富、多元融合的新经济体，成为哈尔滨独具特色的人文新商业地标。

王丽梅创造了多项第一：在全国批发市场第一个打出品牌战略；第一个做网站"包装"业户；第一个提出服装经纪人理念。她最早将文化与商业结合，点燃会展商圈；最早在商场植入公园理念与场景，用互联网思维开启城市"约时代"……

商者无域、相融共生。纵观王丽梅的商业版图，红博商业已成为以文化创意产业和以金融产业为新型业务的多业态、复合型企业集团，拥有红博广场、红博会展商业、红博西城红场、牡丹江红博购物广场等多家商业综合体。18年间，王丽梅不仅让红博商业引领着文化与商业共生的城市生活方式，更以创新精神演绎着鲜明的"时代气质"。

◆ 创新的思想绘制龙江服装的五彩斑斓

时光追溯到2000年，哈尔滨红博地下商业批发市场正濒临绝境……同质化与伪劣假货的行业竞争，令业户入不敷出，一时间怨声载道，红博商业危机四伏。王丽梅临危受命，奋力开辟了一条无人领航的创新之路。

她创造性地提出批发市场品牌化经营战略，建立网站、"包装"业户，向生产商打出"买手"概念，她连赴大连、北京、深圳服装展会，向品牌商亮出"中国红博"这面旗帜。她在国内第一个提出服装经纪人理念，以业界认可的教科书式"倍速经营模式"，即延伸品牌服装企业管理半径、助推品牌运营几何发展，把生产商和代理商整合为风险共担、利益共享的联盟。她第一个为批发业户建立营销指导中心，填补了国内培养高素质服装营销人才的空白。仅一年，红博地下广场便呈现出翻天覆地的变化，天天客流涌至，人人好评如潮。

如今，买手集合、品牌孵化、原创设计师培养等新商业模式陆续植入，依托"三好一实——商品好、服务好、品位好、价格实"的诚信经营，批零结合的红博广场延续着多年的红火，被授予"中国首家品牌服装高性价比商场"。

2002年，红博商业拓展升级第二个业态——红博会展购物广场。王丽梅说："那时，周边是一片菜田，通道延伸300多米的偌大购物中心，空无一客、门可罗雀。"一次，一个品牌商家邀请知名艺人而吸引大量市民集聚，引发了王丽梅的创新灵感——挖掘精神文化需求。她将文化创新与纺织服装完美融合在一起，同时引入了多元业态，通过"文化+商业"两条腿走路的经营模式改变现状。于是，王菲巡唱、维塔斯演唱会炫丽上演、郎朗钢琴演奏会携百名儿童同台献艺、红博星光大道走出百姓明星……仅3年多时间，原本冷清的会展中心地带形成了以红博会展购物广场为中心的哈市会展商圈，创造了哈尔滨一个商业新奇迹。

创新不止，奇迹持续上演。几年后，红博中央公园步入大众视野。在这里，王丽梅将公园理念融入大型购物广场，利用互联网思维，创造性开启"约时代"，定位于百姓的康乐园、试衣间、大厨房、会客厅、乐活城，红博中央公园催生出多个现象级营销"爆款"，主题公园场景与多元业态，除了时尚服饰外，同时还满足了消费者的多样化需求。

2010年，当王丽梅拓荒哈西区域、建设西城红场时，创新已经成为红博商业的独特基因。经过几年的努力，2016年，西城红场集"文、商、旅、展、学、创"多元业态于一体，使红博商业形成了商业、文创、教育、服装、健康、金融相关的多元化发展格局。

而更为惊艳的是，西城红场的诞生让哈尔滨这座时尚之都成为全球时尚和服装产业的焦点，由红博商业承办的哈尔滨国际时装周，已经成为哈尔滨打造国际时尚之都最亮丽的一张城市名片！

◆ "一带一路"时尚高地引领潮流

"哈尔滨是一个能够识别自我魅力的城市,它知道自己未来的方向,而从不随波逐流。"这是王丽梅在乘坐列车时突然涌入脑海中的对家乡这片热土的认知。有人说,在经济社会高周转下谈情怀,难免有点奢侈。但作为土生土长的哈尔滨人,对哈尔滨刻骨铭心的热爱,是王丽梅身上最耀眼的光环。

王丽梅对哈尔滨的欧陆风情津津乐道。东方巴黎、音乐之城、艺术之都的美誉,以及向国内艺术界输出优秀人才,都彰显着哈尔滨独特的文化底蕴。而其中最能让她保持高度文化自知的城市魅力,是哈尔滨的时尚基因。如何激活百年时尚基因,王丽梅给出了答案,那就是:立足北纬45°放眼国际,打造"一带一路"上的时尚高地。

哈尔滨是我国唯一处在北纬45°的省会城市,世界著名时尚之都米兰、巴黎、纽约、柏林等,都位于北纬45°上下,时尚艺术构成了这些城市的灵魂与内在发展动力,四季分明催生了与生俱来的创意灵感。2012年,当西城红场初具雏形时,一场国际时尚大秀翩然而至,瞬间让哈尔滨星光熠熠。

举企业之力托起城市未来,王丽梅带领红博团队连续成功举办了7届哈尔滨国际时装周,吸引了70多个国家1300余位国际设计师走进哈尔滨。这场定位于"专业时装周、百姓时尚节"的时尚开年大秀,整合纺织服装产业链上下游资源为支撑,激发纺织和服装行业创新驱动内生动力,成为每年开年之际全球潮流风向标,也成为哈尔滨市民的时尚狂欢季。时装周的成功举办,令世界设计师大会将会址永久落户西城红场,而这里也于2011年被中国服装协会、中国服装设计师协会授予"中国服装新锐时尚发布基地",于2022年被授予"中国冰雪服装创新基地"。

世界设计师大会上,设计师们探讨的不是设计,而是AI、3D等现代科技融入时尚产业的前景。这令她眼前·亮,更坚定了发展的信心,那就是将AI等智能制造接入高端服装制造,让时装成为高科技应用产业,推动时尚与美术、音乐、演艺、旅游等相关产业融合,带动经济转型发展,打造东北三省高铁3小时时尚产业经济带。

◆ 家国情怀根深蒂固 城市精神融入血脉

哈尔滨城市西部原工业遗址——哈尔滨哈机联机械厂留存的4幢老厂房,被保护性改造为包豪斯风格建筑,通过一条连廊,与西城红场现代建筑相映生辉。如同德国鲁尔工业区、北京798艺术区一样,老厂房烙印着城市的岁月痕迹,而重新改造利用,将会使一座城市的精神与情怀融入其中。王丽梅心怀憧憬,于是有了这处传统与现代、复古与时尚、工业文明与当代艺术文化汇聚于一体的哈尔滨新城市地标——西城红场。

"新经济时代下，纺织服装业的发展潮流，应该从满足需求，转变为创造需求，引领新的消费方式，使纺织产业与科技、文创、时尚产业融合发展。"西城红场就是按照这一思路布局的。哈尔滨哈机联机械厂是我国"蚂蚁啃骨头"精神的诞生地。2010年，王丽梅在这片杂草丛生的工业遗址上，放大并传承着这一城市精神，"打硬仗、能创新、讲协作、接地气"的新蚂蚁精神已然成为红博商业的企业精神。她说，黑龙江总有一批默默无闻而脚踏实地苦干的人，她要带领团队，为满足百姓对美好生活的向往而不断前行。

"宝剑锋从磨砺出，梅花香自苦寒来。"哈尔滨的冬季漫天雪舞、冰晶剔透，周而复始。而王丽梅和她的红博商业也将继续用创新的智慧和燃热的激情，温暖着整个城市，永不停歇……

推动国家可持续理念落地生根

赛得利集团副总裁　黄伟

赛得利集团副总裁黄伟践行集团总部"保护环境，为客户创造价值，实现利民、利国、利业"的经营理念，推进绿色可持续纤维的应用创新和市场开拓，遵循集团2030可持续愿景，倡导"产业链联合、伙伴式合作"，为市场培育、打造一支以市场营销和可持续发展为核心的优秀专业团队，践行可持续发展理念，推动纺织和无纺全行业向循环、低碳的方向发展，助

黄伟

推国家可持续发展理念在行业、在市场落地生根，向"双碳"目标加速冲刺。

◆ 推进创新：从"一枝独秀"到"百花齐放"

在赛得利集团副总裁黄伟看来，绿色可持续是未来的发展方向，纤维素纤维前景光明。鼓励产业链协同合作，加强产品创新，积极探索新的市场机遇，是全球经济和中国发展的必然需求。

黄伟瞄准可持续发展目标，全面推进赛得利集团纤维素纤维应用创新、市场开拓。优可丝作为赛得利集团第一个品牌化运营的纤维品牌问世。优可丝拥有源自自然的减碳和可生物降解的环保基因；木源优质、环境友好、亲肤舒适的消费体验是优可丝传递给市场的品牌属性。优可丝的绿色基因与高端品质得到国内外百余家知名品牌的青睐，成为亿万消费者的选择。

"创新开发和探索验证，我们见证了优可丝的成长，也将绿色清洁的木源纤维带入了更多品牌。"黄伟表示，赛得利集团于2020年推出的全新莱赛尔产品取材于国际认证的种植林，其独有的环保生产工艺，也成就了更加卓越的纤维性能，可以很好地和各类纤维混纺，创造不同风格和特性的产品。

黄伟管理的可持续团队，依托总部新加坡金鹰集团"林—浆—纤维"垂直一体化产业链优势，以及高品质原料优势，创新科技、拓展下游应用，产品结构多元立体，涵盖了气候稳定型、闭环型、循环型的绿色纤维。产品线从最初的黏胶纤维，发展到莱赛尔纤维，以及倡导循环经济的纤生代（FINEX）纤维，催生国内外市场百花齐放，为推出丰富多样的可持续产品提供高效解决方案。

◆ 发挥引领：从"产能第一"到"最有影响力"

经济环境和生态环境的变化带来了生活方式、社交方式的变迁，由此也催生出新消费模式。消费者不仅关心产品品质，也开始重视产品整个生命周期的环境友好性，尤其"90后""00后"的消费主力已经深刻地关注和践行可持续消费方式。这对产业链联合提出了更高要求。

黄伟认为，赛得利集团作为全球纤维素纤维产业的领导者之一，要承担起行业引领作用，发挥好带动、示范作用，要把赛得利集团的可持续发展理念，从自身的生产和产品，贯穿于纤维制造、下游纺织全行业协同的各个环节。

黄伟脚踏实地，带领着团队以可持续发展理念打造行业领军企业，为此目标制定了"2030可持续发展愿景"，并承诺将于2030年实现碳减排30%，于2050年实现净零排放。2022年，赛得利集团正式推出了"优可丝（EcoCosy®）、赛得利莱赛尔和纤生代（FINEX）"3款零碳纤维，产品均已获得碳中和承诺新标准（PAS 2060）核查声明与国际公认的第三方检测机构SGS的碳中和标签，标志着赛得利在绿色低碳发展之路上迈出了重要一步。

在循环经济创新方面，FINEX取得重要突破，循环再生原料占比从20%提升至50%。赛得利优可丝纤维素纤维28天可降解，也取得了国内外牛仔、家纺、针织和梭织服装品牌的青睐，赋能传统纺织行业环保可持续的理念。

优可丝以环境友好型产品助力产业链提升效率、低碳环保。其极细、极柔的纤维特性，结合高支、高密的织造技术带来亲肤细腻的体验，为面料的高端应用和下游多场景的产品开发带来了广阔的创新空间。

赛得利莱赛尔作为新一代绿色科技纤维，其环保优势更加突出。黄伟指导着团队开发优可丝和莱赛尔多赛道协同发展，发挥不同的产品特性，突破多种纺纱工艺，适用于下游不同的面料风格，来满足不同客户群体的需求。

赛得利集团还致力于标准化体系建设、标准应用、标准化人员培养、重点标准项目的研制等，主导、参与起草了抗菌黏胶短纤维、一次性卫生用非织造材料的可冲散性试验方法及评价等多个行标、国标，引领带动行业标准化发展。

◆ 协同发展：从"搭建平台"到"全程伙伴"

2030年碳达峰、2060年碳中和，这是中国向世界作出的重要承诺。作为快速发展中的大国，这份沉甸甸承诺的背后，是对专业人才和市场团队的巨大需求及与之带来的挑战。特别是在当前经济形势下，企业更加注重可持续发展。产业链和价值链的系统协同效应，让更多企业着手加强ESG（环境、社会和公司治理）战略布局。但企业对于新兴人才的需求无法得到满足。

黄伟带领着下属团队在市场拓展中始终秉承着"产业链联合、伙伴式合作"模式。除了产品上的提升，赛得利集团深化团队服务工作，做到技术领先、品牌优势、服务一流，更好地承接协同产业链资源，发挥各环节优势，联合纺织信息中心专业面料团队、面料企业专家为产业链打造符合市场需求的绿色功能产品。

一方面，赛得利集团从纤维源头发力，推动全产业链的协同创新，共同打造源自自然、更加低碳的可持续产品，为终端消费市场带来"深入纤维"的改变。同时，赛得利集团也携手合作伙伴，不断解锁绿色可持续市场拓展的新模式。

赛得利集团与爱慕（AIMER）、安踏（ANTA）、森马（SEMIR）、罗莱和Woobaby等多个品牌开展深入合作，形成了一系列产品。与此同时联合推出零碳产品，让环保不只是停在口头上，用实际行动践行环保理念。

另一方面，赛得利集团依托BVY纱线伙伴联盟、优可丝创新面料伙伴联盟及莱赛尔伙伴联盟等项目及平台，与产业链伙伴积极展开深度合作，共同推进创新开发工作；与此同时，以赛为媒，每年一届的中国时尚面料设计大赛为更多企业提供了解赛得利集团纤维产品的机会，加强了纤维、纱线、面料、服装等产业链上下游企业的沟通和交流。

在深度探索可持续时尚的进程中，赛得利集团将继续以整合产业优质资源和推动上下游企业深度合作为抓手，不断推进纺织绿色产品与技术研发，并依托消费平台及消费者反馈，将纤维产品融入更为广阔的终端场景，同时在现有应用领域中探索更多创新方式，通过从纤维端到纱线端及面料的联合共创，综合升级产品的消费体验，"链"动创造绿色未来。

黄伟表示，随着时间的推移，会有越来越多的品牌选用低碳、可再生的产品来完成其迭代更新。赛得利集团将协助品牌优化可持续供应链，同时也协同其他原料组合创新，全面提升产品结构的多样性，助推全行业向可持续绿色低碳目标加速转型。

彰显时代担当　数字赋能新消费

北京方圣时尚有限公司总裁　王涛

在王涛的带领下，15年来，北京方圣时尚有限公司（以下简称方圣）始终聚焦文化和时尚，以服装和品牌为载体，以满足人民群众对美好生活的需求为己任，作为国家高新技术企业，目前公司已申请专利近百项，连续入围北京民营企业科技百强和中国服装企业百强，先后荣获"首都精神文明单位""全国纺织劳动关系和谐企业""全国纺织行业党建工作先进单位""全国纺织劳动关系和谐企业""全国纺织管理创新成果一等奖"等荣誉称号。

王涛

◆ 热心公益　积极践行社会责任

"荣誉的背后是使命更是责任。只有心系家国，反哺社会，积极参与公益事业，用实际行动践行共同富裕，才是企业长青的动力和素养。"王涛介绍，仅2019年、2020年两年方圣就积极参与各项社会公益活动50余次。

为积极响应国家"精准扶贫"号召，从2017年开始，方圣在东城区各级部门指导下制定精准扶贫纲略，成立精准扶贫办公室，开展多元精准扶贫工作，取得了丰硕成果。连续通过定项捐赠、建立扶贫车间、对口帮扶等形式参与东城区5个扶贫帮扶地区——张家口崇礼、内蒙古化德、内蒙古阿尔山、西藏当雄、湖北郧阳的扶贫活动。其中，通过参与国家"万企帮万村"计划，与西藏当雄纳木湖乡恰嘎村签订精准扶贫协议，助力恰嘎村实现脱贫摘帽。特别是在东城区政府支持下，方圣还建立了全国唯一一家服装设计类4A级培训机构——中国服装设计师协会培训中心，为有力推动北京产业人才再就业，加快产业教育扶贫作出了积极贡献。

此外，方圣还先后与中国残疾人联合会一起参与助残活动，与中国纺织工业联合会和中国服装协会每年进行公益活动，在街道社区参与"千户家庭送温暖"和青少年学生捐资助学等活动……如今，方圣已累计向社会各界扶贫捐赠资金物资超过2000万元。

对此，王涛表示："作为一个从沂蒙山区走出的孩子，我时刻谨记沂蒙精神：'吃苦耐劳、勇往直前、永不服输、敢于胜利、爱党爱军、开拓奋进、艰苦创业、无私奉献'，今后方圣将一直奔跑在公益的道路上，持续发热发光。"

◆ 见"疫"勇为　被赞最美复工者

"疫情暴发后，在政府和中国纺织工业联合会的引导下，我紧急召开会议决定'跨界投医'，并第一时间筹款600多万元购买设备，建设无菌车间，改造生产线，成为第一批国务院防疫小组和工业和信息化部认可的重点防疫企业。"王涛介绍，从转产开始，方圣人先后克服人员、技术工艺、原材料、物流等困难，24小时不停产，连续奋战46天，只为多生产一件防护服，多一分安全守候。"那段时间，所有方圣员工几乎忘记了回家、忘记了睡觉，整个人就像打了鸡血一样兴奋，加班加点，没有一个人喊苦喊累。有了困难，方圣人是真敢上、真敢拼。"

当时，由于物资紧缺，生产防疫服可谓"暴利"，一些不法分子甚至想"奇货可居"发大财。但方圣却作出"只捐不卖"的壮举。"很多朋友得知后，都纷纷嘲笑我，说我傻，说我沽名钓誉，说不盈利还办什么企业，甚至更难听的都有，但我总是嗤之以鼻。说实话，企业不赚钱，怎么养活几千名员工，但我不能发国难财啊。方圣的今天是社会给予的，企业做的不光是生意，而是责任和义务。"王涛介绍，为了更精准对接各地区捐赠需求，方圣还专门开通了24小时捐赠专线，精准高效对接捐赠事宜，并出口迪拜等多个国家和地区，支援全球抗疫。截至目前，方圣已累计为抗疫一线无偿捐赠防护服7万余件。

"虽然我们的爱心举动得到了社会的一致认可，央视、人民日报等主流媒体多次报道，赞誉我们是'最美复工者'。但这事更加坚定了我作为新时代企业家的家国情怀和公益责任，大是大非面前，必须要有大局观。"王涛表示，今后，方圣将继续积极投身公益事业，做有温度、有态度、有高度的新时代企业先锋。

◆ 厚植品牌文化　构建全渠道营销体系

"当下消费者主体正在发生迁移，'80后''90后'已成为消费主力军。全新的消费时代正在崛起，品牌所服务的对象正呈现出'部落化'与'群体化'的细分特征，这也给品牌实现自身价值的裂变与繁殖，创造了前所未有的绝佳机遇。"王涛表示，为实现消费引领，品牌企业在用创新提高体验度的持续满足，架构一个全新商业模式的同时，更应该以品牌文化构筑时尚话语权，实现传统文化与当代时尚、民族文化与大众潮流的交互升华，加强品牌文化建设。

他表示，强化品牌建设，已成为企业高质量发展的必由之路。"创造品牌价值，必须借助技术新杠杆，创造'科技'与品牌新模式；挖掘文化新内涵，创造'时尚'与品牌新文化；落实产业新担当，创造'绿色'与品牌新风向。"

"时代在变，行业在变，企业亦在刀锋上求生求变。服装行业向来以线下零售为主要收入来源，突如其来的疫情除了让服装企业开启直播带货，也将线上销售再一次推到顶峰。这次疫情可能会成为服装企业变革销售渠道的转折点。"王涛表示，此前很多企业不够重视线上业务，把线上视为清库存的渠道。此次疫情会让服装企业更加重视线上渠道的整合，投入资源也更加倾斜向线上业务，可能导致线上业务竞争加剧。

对此，他表示，目前大众化标准类产品依靠线上销售足矣，但中高档、个性化、功能化等产品无法靠单一渠道满足。未来的趋势依然为线上线下互联互通的全渠道模式。

"未来将会有越来越多的企业构建完善全渠道营销管理体系，一方面将加大线上业务营销推广力度，满足特殊情况下的市场消费需求；另一方面，将继续探索新的零售路径，包括但不限于微信营销、网络直播、会员营销等方式。"王涛表示，未来企业如何适应社会的多元化转变，有效满足市场发展与需求变化，考虑用什么方式、用什么产品去更好地满足新消费才是当务之急。

◆ 布局新消费　加快数字化转型

"在此次疫情中，我们的数字化建设就发挥了不小的作用，线上销售再创新高。"王涛介绍，过去几年，方圣每年对于数字化的建设和投入都非常巨大，这些建设和投入让旗下品牌快速转移线上，有效避免了疫情的冲击和线下影响。"未来，方圣还将继续加大数字化转型，进一步加大数字化建设和投入比例。"

针对疫情带来的消费影响，2021年方圣果断介入智慧零售，打造了一个粉丝微商城和导购闭环，并专门针对VIP新成立信息化项目，加大了直播带货力度。如今，通过全渠道战略布局持续加码，采用线上线下双轨并行的营销策略，并在线上构建"社群运营+直播+小程序"的营销体系，数字赋能为方圣新零售带来了新活力。

不过，王涛也表示："目前，我们线上销售的成绩还不错，但仍在摸索之中。如何扩大粉丝池、做强流量池，是我们正面对着的一个挑战。"

在加快构建全渠道营销体系的同时，方圣数字化转型也走在了行业前列。不仅连通了商品管理系统、仓库管理系统（WMS）等所有系统，数字化应用还延伸到全产业链，实现了高效、便捷。

"一个扁平、松散、灵活、高效的组织，是可以抗击任何艰难的。方圣的信息化建设和私域流量的运营，一定要有前瞻性。实现企业高质量发展，必须先种树，才可能摘果。"王涛表示，未来企业应当保持定力，构建长期、持续的竞争力，加快数字化转型，在笃定中寻求突破，在挑战中发现机遇，向世界输出中国文化自信、品牌自信，为纺织强国建设增砖添瓦。

做"务实型""创新型"传统产业转型引领者

盛虹集团有限公司总经理　唐俊松

唐俊松2007年进入盛虹集团有限公司至今16年间，是盛虹印染转型升级关键的16年，是攻坚克难的转折点，唐俊松带领团队，将对传统印染研发、生产、销售、治污、安全等方面作为转型升级突破点，开展了一系列智能化、信息化项目的研发和落地，带领企业取得了制造业单项冠军、国家级绿色工厂、国家级水效领跑者等荣誉，公司2016年起连续位列

唐俊松

中国印染行业三十强首位；其个人也陆续获得了全国纺织青年科技创新领军人才、全国优秀纺织企业家等荣誉。

◆ 科研创新实现产业链提升

作为盛虹集团印染板块负责人，唐俊松扎根于传统纺织产业，他坚信创新引领企业发展。

唐俊松重视科研，他带领研发团队开发出"典型纺织品短流程低耗印染技术开发""生物基聚酯、聚酰胺纤维应用示范"等先进产品及工艺，并列入国家重点研发计划，参与"微生物合成聚羟基脂肪酸纤维纺织品开发共性关键技术研发"等多项省级科技项目，带领研发团队"无胆防绒面料""海岛丝雪纺""防红外迷彩面料"等一系列高附加值产品的绿色高效染整高新技术及产品广受市场好评，其配套的清洁生产工艺技术拓宽了产品性能及应用领域范围，实现了化纤、纺织、染整的产业链整体提升。在他的带领下，盛虹成立国家级企业技术中心、印染新产品研发生产

基地、博士后科研工作站、省级工业设计中心等7个省级以上的研发平台，先后承担数10项国家、省级火炬计划、重点新产品计划，申请专利213项，其中发明专利44项。2014年，更代表中国承担起ISO/TC38/SC1秘书处职能，掌握行业标准制定的国际话语权。

截至目前，在唐俊松的带领下，公司牵头制定《纺织染色工国家职业技能标准》国家标准1项、《印染布可比单位综合能耗限额及计算方法》地方标准1项和《无锑涤纶吸湿速干四面弹面料》团体标准1项，参与制定Textiles–Tests for colour fastness–Part X19: Colour fastness to rubbing（Gakushin test method）等国际标准9项，参与制定《印染前处理工》等国家职业技能标准4项、《纺织染整助剂渗透剂耐碱渗透性的测试》等行业标准8项、《纺织产品温室气体排放核算通用技术要求》等团体标准4项，为公司的进一步发展提供标准支持。

◆ 实施"一厂一品"品牌发展战略

唐俊松引导公司由经营型过渡到管理型，成立品牌管理团队，通过人才、技术输出，制定"一厂一品"发展战略，在业内主动实践个性化生产、差别化竞争，将"盛虹"品牌打造成中国驰名商标，先后荣获江苏省著名商标、苏州市知名商标、中国纺织服装品牌竞争力优势企业、中国纺织服装行业品牌价值50强等荣誉称号。

盛虹品牌培育管理体系的实质就是差异化的竞争体系，差异化品牌培育有助于企业提高特定顾客群体对其产品的认知程度，增强市场竞争能力，有助于公司发挥在信誉、文化、管理和技术等方面的优势，提高顾客对产品的忠诚度和美誉度，创造品牌溢价，提升企业盈利能力。在唐俊松的带领下，盛虹实施"一厂一品"的品牌发展战略，让各分厂均有自己的特色服务产品，充分发挥集团经营优势。通过兼并、租赁等方式，巩固"一厂一品"的实力，这也是盛虹在实施品牌保护措施方面得天独厚的优势。作为一种无形资产，盛虹的发展史也是一部品牌发展史，从传统的产品制造的思路变为印染服务管理品牌经营。截至目前，盛虹共有注册商标60件，其中国内注册57件、国际注册3件。

◆ 研发"盛虹智慧印染工业互联网平台"

在唐俊松的带领下，盛虹始终坚持立足印染实业，积极向现代化高质量发展迈进，2012年，盛虹被评为"全国印染行业首家转型升级示范企业"，2014年被评为江苏省"两化融合示范试点企业"，发展至今，盛虹已建立3个省级智能车间。

从2010年开始，盛虹以老镇区印染厂搬迁入园为契机，打破传统印染操作模式，多方位、多角度采用自动化设备和信息化系统。唐俊松带领研发团队自主开发了"全流程智能排单系统"，通过对所有生产环节数据进行可视化监管，对各衔接工序均衡匹配、提高生产效率；自主开发"颜色大数据系统"，将30多年的印染技术集成统一印染配方数据库，实现色彩配方共享、快速比对和合理修色优化，打样效率提升50%；自主研发"印染MES系统"，对机台状态、工艺参数、能源消耗实时监控，确保全工艺无人为干预；染料、助剂采用半自动称量、全自动搅拌输送系统，达到计量精确、降低损耗、提高品质的效果；成品仓库采用智能立体货栏框架式结构，利用信息技术实时采集数据、自动分配任务，达到资源利用最优化，从而提高空间利用率和工作效率；开发了CRM系统，对白坯进仓、点色与客户实现线上协同，提升业务办理效率；建立了"智慧印染中心"，使用自主研发的印染ERP系统结合自动化设备，对各生产环节的数据进行采集并全流程管控，更快速、高效、便捷的为生产计划、成本核算、经营决策提供科学依据。

2020年，唐俊松积极落实传统产业转型升级高质量发展，带领公司信息化团队自主研发了"盛虹智慧印染工业互联网平台"，该平台实现了印染工序从坯布进仓—印染生产—成品储存—客户提货的工艺自动化、信息化和质量的全周期管控；实现了纺织印染上下游的精准对接，促进纺织产业整体提升，快速应对国际趋势和需求变化。该平台率先在行业内开展印染智能制造、互联网动态管控系统、现代服务平台的建设，探索传统制造业与互联网平台现代服务的融合。平台的建设推进了信息化、自动化、印染工业和互联网应用现代服务的深度融合，通过利用信息技术，改造了传统印染产业生产及管理模式，带动了企业技术的进步、管理的创新、服务的优化，也为企业实行安全生产、清洁生产、节能减排、数字化转型提供了更为广阔的空间。该平台作为行业唯一入选者，被工业和信息化部评为制造业与互联网融合示范特色专业型工业互联网平台和国家级服务制造型示范平台，同时被列入"江苏省重点工程"。

截至2023年7月，平台已接入纺织产业链上下游企业2716家，服务用户14570个。作为一个综合性、高度集成的印染工厂智能化生产管理平台，将引导纺织供应链上下游实施"互联网+"的转型，实现行业管理变革。同年，唐俊松带领公司通过了两化融合管理体系认证，进一步促进数字化转型过程的规范化和科学化。

◆ 倡导绿色低碳可持续发展理念

公司在发展中始终以保护环境为首要宗旨，努力实现绿色低碳经济，致力于研发推广高效、节水、节能的新设备和新技术。近年来，在唐俊松的主导下，公司联合中国中车集团有限公司子公司时代沃顿、东华大学环境学院共同设计研发了"印染废水低成本处理与高效在生利用关键技术和产业化"并获得"纺织之光"科技进步奖一等奖，为企业减少废水排放、提高水资源利用率提供解决方案，成为行业内最早采用膜技术工业化治理废水的企业；还设计研发了"定型烟气深度处理技术"，为大气治理提供了有效措施，公司被授予"中国印染行业大气治理示范企业""国家纺织行业节能减排技术应用示范企业"，通过其在各环节卓越的环境管理绩效，2020年公司被工业和信息化部评为国家级绿色工厂；2023年，公司获评"全国重点用水企业水效领跑者"，水重复利用率可达72.69%。

唐俊松倡导绿色低碳可持续发展理念，带领公司技术及设备团队对生产设备、流程工艺等方面进行改造，截至目前已研发并在行业内推广了定型机供热"煤改天然气"技术、定型工艺天然气节能等多项节能降耗改造项目，为公司减耗降碳提供了技术支持，为国家实现"碳达峰碳中和"助力。

在唐俊松看来，新时代企业家的核心是：匠心精神下的开拓创新。他认为，一名企业管理者，既要坚持务实做事的信念，在工作中不断地学习进步，更好地完成本职工作，崇尚实干、行胜于言、恪尽职守；又要树立积极开拓、勇于创新的精神，敢于担当，在大胆探索中实现突破、在把握规律中增强预见，做一个"务实型""创新型"的传统产业提升转型引领者。未来10年，他将以吴江纺织循环经济产业园建设为契机，发挥行业龙头作用，将盛虹入园项目建设成为世界一流的智慧印染工厂示范，实践绿色、创新、高质量发展。

成就纺织服装行业一个新时代之梦

山东鸿天投资集团有限公司董事长　李林

山东鸿天投资集团有限公司（以下简称鸿天集团）董事长李林出身于下岗职工家庭，大学毕业后进入纺织服装行业，作为业务员对接服装供应链工作，从学徒做起，秉承着踏踏实实勤勤恳恳的务实态度，一步一个台阶，成就纺织服装行业的一个新时代之梦。

李林

◆ 起于基层　源于热爱

李林于2011年建立济南鸿天服装有限公司，在12年的时间里先后建立服装贸易公司、服装贸易加工基地、实验室、技术研发中心、检品中心、印花中心、国外办事处等16处机构，打造出了集设计研发、3D虚拟样衣、精益化生产、检品后整为一体的独立闭环ODM服装供应链。员工人数由创业初期的十几人发展到目前的2600余人，服装年产能1600万件，年销售额12亿元，出口额达4亿元，服装类出口贸易额在济南市连续7年稳居第一。2019年、2020年、2022年李林均荣获山东省纺织服装行业协会"优秀青年企业家"称号，2020年荣获山东省纺织服装行业协会"青年企业家联盟理事"称号，2021年担任山东省纺织服装行业协会理事，2022年担任济南市历下区第十届政协委员，撰写的《完善公共文化服务体系，促进文化产业快速发展》被政协济南历下委员会评为2022年优秀提案，其所成立并领导的鸿天集团2022年入选山东省高端品牌培育企业，并获得2023年度"山东省纺织行业数字化转型劳动竞赛先进企业"、2023年度"山东省纺织行业数字化转型劳动竞赛先进集体"、2023年度"中国纺织行业数字化转型劳动竞赛先进集体"、2022年度山东省纺织服装行业"乡村振兴推动奖"、2022年度山东省纺织服装行业"社会责任贡献奖"、2019年度"社会帮扶特殊贡献奖""中国服装成长型品牌——原创设计师品牌"、2022年度中国纺织服装行业"十大时尚引领榜样"等奖项。2019年李林成立童装自主品牌RED COPPER，已开设近20家直营实体店并入驻天猫店铺、抖音等线上运营。

◆ 科技创新 提质增效

李林作为行业中年轻的生力军，用实际行动诠释服装行业是一个有顶尖技术、创新设计、完善流程的高级实体产业体系。企业自创建以来实现了由1.0向4.0不断升级发展的阶段，短短10余年间，由最初的服装贸易公司到工贸一体企业，到完成服装行业供应链闭环，再到目前的智能数字化生产与制造，非常贴合地实现了信息化与服装工业化在技术、产品、业务、产业4个方面的融合。

在信息化管理上，打造工贸一体化的企业资源计划（ERP）系统、生产执行（MES）系统，利用现代化科学管理方式对传统行业的流程操作进行管理，将贸易跟单工作由单纯的人工记录跟踪变成系统的智能化运作，达到"一块布料"从诞生到完成一件成衣的全部使命中，每一个环节都可追溯，使"互联网+"真正意义上运用到传统服装纺织行业中。

在技术上，李林引进国际一流的CLO3D软件，培养3D建模师，将传统的平面图稿变为3D立体展示，将实际使用的面料辅料扫描入系统使3D的效果展示得更为逼真，依靠科技力量，相信科学技术，依靠新型的智能工具达到技术更精准、版型更优化、时间更高效的创新管理方法，在服装设计和技术领域获得实用新型专利20余项、外观设计专利7项、发明专利3项、著作权2项。

在产品方面，李林从主体项目运作的传统的原始设备制造商（OEM）升级为ODM，在OEM的基础上加入原始生产设计，由代工企业升级为原始生产设计商，在服装设计中逐步使用虚拟服装技术，虚拟服装穿戴、时装周走秀等采用了先进的信息化技术，掌握服装行业的关键环节，在服装产业中占主导优势。

在生产方面，李林大力倡导人工智能取代手工劳动，不断接触和刷新新型智能设备的利用率，引进自动充绒机、自动模板机、自动裁床机等先进智能化设备（目前在国际上顶尖的智能化设备），正面解决劳动密集型企业招工难的问题，达到提高人效、降低成本的实质性作用，逐步向实现人工智能及数字化的大战略方向迈进。

◆ 深化改革 科学管理

为提高审查效率，李林进行了组织架构的管理创新。他创建服装工贸一体企业中新型的阿米巴管理模式，模块细分化、独立运作化、尽调监督化的新型管理理念。他将阿米巴管理模式模块细分化，将繁杂的服装产业链中的各个模块细分，拆分成独立的团队，产品研发、打版打样、投产生产、质量检品、国际货运、鸿天学校都为独立运作的体系，分工协作、独立运营。经过改革，公司每个团队管理层级明确、岗位责任清晰、反应反馈高效。

智能化已成为一种趋势和不可逆的潮流。李林专注数字化、智能化的打造，在鸿天4.0升级转换的过程中起着关键作用。企业引进自动充绒机、自动模板机、自动裁床机等先进设备，提高人效，降低成本。旗下印绣花公司的生产已可以使用数字转印、热转移、服装特殊定位印花、数控刺绣等工艺；在检品环节完全使用智能设备检针、自动封箱等数字化技术及设备。

3D技术的运用，使样衣反复确认的时效提高了40%，大幅度降低了反复打样衣、反复邮寄确认的时间成本和开发成本，较之信息化运用前的样衣开发直接成本降低30%，尤其是与国际客户之间的工作效率大大提高，开发成本得到有效控制。

两化深度融合是中国特色新型工业化道路的集中体现，是新发展阶段制造业数字化、网络化、智能化发展的必由之路。作为纺织服装行业，在增强科技创新能力、适应个性化消费趋势、产业绿色转型等方面存在迫切需求，发展智能化制造、服务化延伸、网络化协同、数字化管理等新模式潜力大，数字化转型在企业的升级迭代中起着非常显著的作用。在这条转型之路上，鸿天集团取得了显著成效，被评为2023年度"中国纺织行业数字化转型劳动竞赛先进集体"、2023年度"山东省纺织行业数字化转型劳动竞赛先进企业"、2023年度"山东省纺织行业数字化转型劳动竞赛先进集体"等荣誉称号。

在数字化转型过程中，企业整体创新能力不断提高，不仅开发新产品，而且通过两化融合在技术上、商业模式上、资源利用上、扩展企业影响力上建立起创新体系，这是在信息化基础上滋生的正向的创新能力。

鸿天集团的数字化转型工作，促进了供应链升级后上下游之间的资源共享和优化配置，实现供应链的高效协同。同时，好的供应链管理使公司客户服务水平得到更大程度的改善、大大提高市场反应能力并降低供应链成本，从而获得独一无二的供应链竞争优势。

近年来，李林尤其重视绿色环保可持续方面的课题工作，全面落实可持续发展战略。公司自2021年开始采购绿电，在服装加工基地引进光伏能源、安装引进光导照明，利用太阳光进行室内照明；建立并认证能源管理体系标准；通过全球回收标准（GRS）资质认证；采购再生面辅料；在印花中心购置污水处理设备并通过环境保护验收，积极助力国家"双碳"目标的实现，推动产业链上下游的可持续发展转型，为保持绿水青山作出努力。

将绿色基因嵌入高质量发展

石狮市瑞鹰纺织科技有限公司总经理　夏继平

夏继平

"始于2015年，源自心中的责任和时代的呼唤，一个梦想开始萌发，怀着滚烫的热情，用勤奋的双手，感知印染助剂的温度……"当你每周进入瑞鹰科技节能专家视频号收看夏继平总经理主持的瑞鹰云课堂时，片头都能听到这段话。这是石狮市瑞鹰纺织科技有限公司（以下简称瑞鹰科技）的梦想宣言，也是夏继平作为一个纺织人的自豪与荣耀。

作为一家染料助剂的"专精特新"企业，夏继平是如何带领瑞鹰科技在行业中脱颖而出，让绿色成为企业的基因的？从夏继平的视频直播开始，我们就能破解心中的疑惑。

◆ 云课堂传播"节能减碳"理念

疫情防控期间，夏继平关注到人们的生活方式都发生了变化，于是就想到了"老板直播带货"这一新模式，既要推广新产品，更要向大众普及绿色印染技术和知识。2021年，瑞鹰科技创立了瑞鹰云课堂，夏继平每周亲自直播，不断创新内容传播形式，通过公益课堂分享讲解纺织行业相关知识，将瑞鹰"节能减碳"的理念融入课堂，不仅帮助行业内人士学习到助剂干货内容，而且为推动落实国家"双碳"政策作出不少贡献，公司也将推广绿色环保、节能减碳产品纳入长远目标。

夏继平带领团队将瑞鹰云课堂及其"瑞鹰：中国助剂、国际品质"品牌做大做强。目前瑞鹰云课堂公益直播累计播出70多期，直播间累计观看量达15万左右，仅用一年多的时间，就将瑞鹰云课堂从线下搬到线上，完成了第一次蜕变，促进知识传播，推动产学研结合，让更多爱好纺织的从业者、学生等受益匪浅。

"企业的发展必须坚持和国家发展方向一致。就瑞鹰科技来说，必须坚持节能减排的大方向，否则，我们这个行业是没有出路的。"说起企业的发展方向，夏继平的观点十分坚定，瑞鹰科技作为国家高新科技企业，应积极响应国家"节能减碳"号召。夏继平表示，未来5～10年，纺织行业将进入新的战略发展期，推动绿色低碳循环发展、促进行业全面绿色转型将成为大势所趋和重要之策。因此公司积极研发推广节能减碳工艺的印染助剂，从促进能源效率稳步提升、强化清洁生产、提高用水效率等方面，与印染企业共同走进绿色发展。

◆ "双碳经济"下的开拓机遇

在双碳经济的背景下，2023年生态环保迎来了更加严厉的整治。《印染行业"十四五"发展指导意见》中明确表示，要在行业增长、科技创新、结构调整、绿色发展四大方向上发力。绿色制造显然是避不开的中心点。由于传统染料中含有重金属等有害物质，印染过程中用水量又特别多，因此，印染废水对环境的影响非常大。这也为瑞鹰科技带来了开拓市场的机遇。

面对这个广阔的市场，瑞鹰科技潜心研发，选择了节能减排作为主攻方向，研发了碱性介质染色，使低聚物、纺织油、杂质等在高碱溶液中易溶于水而去除。

自2021年正式成为bluesign（蓝标）合作伙伴开始，瑞鹰科技积极组织持续进行蓝标产品认证，推动行业高品质可持续发展。这些蓝标产品在市场上获得一致好评，如环保节能粉RY-3207A（替代保险粉，节省用水1～3缸，节省酸中和与水洗时间，COD值比保险粉低40%以上，安全稳定）；棉用省水固色剂RY-868（有效节约40%后处理时间，染色后处理废水减少50%，节能40%，节省成本且生产效率翻倍）；染色活化剂RY-295A（应用于活性染色同浴皂洗，深色系列较常规工艺省水4～6道，减少排放废水近30%，各项色牢度与常规工艺一致）；无氟超强防水剂RY-F038（超强防水性能，对标国外高端防水剂，色变小，有效改善手抓白）。其他蓝标产品如多功能固色剂RY-590A、酸性固色剂RY-N605、湿摩擦牢度提升剂RY-506等也备受市场的青睐。

在积极开拓市场的同时，瑞鹰科技也展现了主导引领行业的能力和承担企业社会责任的担当精神，承办了2023年"绿色低碳"纺织行业可持续发展研讨会暨第三期"涌泉智汇"主题论坛活动，进一步加强与其他企业、学术界以及政府部门的交流合作，共同探索创新的发展路径，为推动中国绿色低碳经济建设作出更大的贡献。

◆ 持续创新为企业带来更大效益

对一家以专业技术打开市场的企业来说，持续的创新能力是其生命力所在。瑞鹰科技正是凭借不断创新，在助剂行业站稳脚跟，并逐步发展起来。

"我认为创新就是突破现有的规律与瓶颈，解决用户的痛点或难点。"夏继平表示，"通过技术创新，我们可以提高生产效率，降低生产成本；体制创新，可以使企业的日常运作更有秩序，便于管理；领导者的思想创新，能够保障企业沿着正确的方向发展，发挥员工的创造性，为企业带来更大的效益。"

瑞鹰科技十分注重研发创新，积极探索信息化企业管理生产系统模式，将产品研发与市场需求紧密结合，对内设立研发生产中心，下设专门的实验室，培养专业化人才团队。对外与西安工程大学、东华大学、五邑大学等多所高校建立校企科研合作关系，为持续开发节能减碳环保产品及实现专业化、精细化、一体化生产提供强大的创新支撑。

瑞鹰发明的专利多达35项以上，其中"棉及混纺织物染色短工艺低成本流程"连续两年（2019年、2020年）被列入第十三批和第十四批中国印染行业节能减排先进技术推荐目录，并荣获中国纺织工业联合会科技成果优秀奖（国家级）。2023年，公司研发的"RY-295染色活化剂"，再次入选第十六批中国印染行业节能减排先进技术推荐目录，成为44项推荐技术之一。

通过创新，瑞鹰科技3年的平均增长率达到了12%。如今夏继平信心满满，他说，还要在研发上加大力度，争取步子迈得更大些。

在公司全体员工的努力下，瑞鹰科技被评为国家级高新技术企业、纺织行业"专精特新"中小企业，获得中国十大纺织科技绿色先锋奖等殊荣。2023年，瑞鹰科技上榜福建省科技小巨人企业名单。夏继平被评为2022年中国纺织行业人才建设贡献人物和2022年中国纺织行业年度创新人物。

作为"专精特新"企业，瑞鹰科技在成长性上展现出了强大的韧性和活力。2022年纺织行业面临着前所未有的复杂环境，企业经营承受着多方压力，诸如原料价格大幅波动、消费不振、订单不足、库存增加、用工短缺等。但面对困境，瑞鹰科技迎难而上，沉着应对超预期因素冲击，通过坚持科技创新、强化服务意识、抓好内部管理、加强产业人才建设等措施，总体保持了相对平稳的发展。

2023年，对瑞鹰科技而言，新的飞跃正在路上。

打造中国领先的复合材料制造技术型企业

淄博朗达复合材料有限公司董事长　刘鹏

刘鹏是典型的山东农村孩子，1997年淄博师范学校美术专业毕业，他被分配到老家镇上的小学当美术老师。在改革春风的召唤下，刘鹏在2000年放下众人美慕的"铁饭碗""下海"，在淄博市高青县唐坊镇创办了高青朗迪钓具厂。提起当时的决定，刘鹏笑称其实并没有那么轻松，父母是反对的，而且根本没有启动资金，是从银行贷款3万元开启了自己的创业之路。

刘鹏

学美术教育出身的刘鹏，对于复合材料是绝对的外行，然而，在他向往的事业面前，没有什么是不能克服的。从最初创业时的技术认知为零，到自学技术升级产品，再到放下经营专门拜访客户，了解技术方向，最后他干脆花了3年时间攻读武汉理工大学复合材料与工程专业研究生，为弥补自己的"技术短板"下足了功夫。2006年，企业的销售额突破1200万元，利润达到了300万元。就在这一年，刘鹏购置土地建起了5000平方米的新厂房，公司更名为"高青朗迪复合材料有限公司"。此后，随着公司的持续发展和产品业务的不断扩大，2010年，公司搬迁至淄博高新技术开发区，由此更名为"淄博朗达复合材料有限公司"（以下简称朗达），并确立了朗达在碳纤维复合材料领域的业务模式，致力于打造中国领先的复合材料制造技术型企业。

◆ 以科技创新为先导

刘鹏作为朗达公司技术带头人，坚持以科技创新为先导，用"求真、穷理、务实、利他"的信念引领科研团队；秉承"启于千丝万缕，铸就核心领先"的设计理念为客户的实用性和高效率考量；把"技术领先，客户满意"作为服务宗旨，带领

12人研发团队扎根碳纤维复合材料领域潜心科研，与武汉理工大学共建"碳纤维管材研发中心"，建有淄博市"一企一技术"研发中心。研制产品涵盖高性能碳纤维传动轴、高性能碳纤维辊、智能机器人机械臂、检测探测领域碳纤维伸缩手柄、高速电机转子保护套等九大领域产品，年产600万件。产品远销欧美，国内市场集中在央企、国企、外资独资外企，为薄膜行业、纺织行业、造纸行业高端装备母机生产商龙头企业优质供应商，同行业领域技术、产品国内市场排名第一，国内市场占有率达50%以上（其他为进口）。

从2014～2018年，刘鹏与技术部门决定，公司自主立项、自筹经费研发高性能碳纤维复合材料轴辊，从力学分析、模拟建模、引进复合材料性能设计软件、缠绕工艺、轴头装配、研磨、表面复合材料涂层技术等工艺反复试验验证，购置各种测试设备、自制非标加工设备近百台；向科研院所教授、专家请教，不惜重金从国外买来同产品辊轴做切剖分析，为测试辊轴的物理性能大冲击力将其敲断……公司投入了巨额研发经费，冬来暑往、日夜兼程，历时5年时间，功夫不负有心人，终于破茧成蝶成功装机上线，并且迅速打开国内市场。

在薄膜行业、纺织行业、造纸行业、探测行业等中流传着"要可靠，选朗达"的美誉。朗达公司有注册商标3个，"朗达精工"标识在每一支朗达生产的高性能碳纤维轴辊上，达到产品唯一、可追溯。公司现有授权专利36项，其中发明专利6项，实用新型专利23项，外观设计专利4项，PCT专利2项，软件著作权1项。

在刘鹏带领下，公司组织和培养了一支专业成熟的研发与管理团队，并聘请多名博士与教授为特聘专家，组建了以董事长刘鹏为技术带头人的技术研发创新团队，拓展深度合作的土壤。企业研发中心拥有技术水平高、实践经验丰富的技术带头人，研发人员队伍结构合理，在同行业中具有较强的创新人才优势。领导层重视技术创新工作，具有较强的市场意识和自主创新意识，企业技术创新运行机制、投入机制和激励机制健全，具有较为完善的创新发展战略、实施计划和知识产权管理能力，能为研发中心建设和运行提供良好的条件。公司还是武汉理工大学、山东理工大学的大学生实践基地。

◆ 推动纺织高质量发展

刘鹏以专注与专业，审时度势，领跑业界。把碳纤维辊产品用到纺织非织造机械上，意义非凡。2020年突如其来的疫情蔓延全球，隔离衣、口罩、防护服等非织造机械生产的无纺布、熔喷布等材料非常紧缺，因疫情影响国外碳纤维梳理机辊生产厂商都已停产，国内母机厂又因缺少关键核心部件无法装机，朗达制造的碳纤维辊成了抢手货,其品质、性能达到欧洲同级水平,而价格仅是进口产品的一半。该碳纤维辊的批量供应解决了此部件以往完全依赖进口的状况,打破了关键零部件的"卡脖子"现象,填补了国内市场空白,一时间在纺织机械行业掀起轩然大波,从成本和交付及时性上解了设备厂的"燃眉之急",有效地缓解了国内整机装备厂的压力。朗达生产的碳纤维梳理机辊把幅宽从原来的3.8米提高到了4.2米,密度每平方厘米只有1.6克,充分发挥了碳纤维的特质。重量轻、惯量小,就更利于精确控制,可控车速就会明显高于传统金属辊。碳纤维辊的模量可设计,最高可以达到250吉帕,承载能力非常强。此外,碳纤维辊属于层间柔性设计,均质性好,应力均匀,受力回弹性好,不存在塑性变形的状况。再加上材料所具有的稳定性,使得这款产品的耐疲劳性特别好,使用寿命能达到8~10年,有力推进了非织造机械生产效率跃升更高水平。

"坚执锐",是勇攀巅峰的信仰。2021年7月,在刘鹏的主导下,公司研发的"高性能碳纤维复合材料梳理机轴辊的先进制造技术及应用开发"项目通过了中国纺织工业联合会组织的科技成果鉴定,经鉴定项目整体技术水平达到国际先进水平。这款产品是多学科交叉的产物,包括材料、设备以及与之相关的检验设备和方法。这一项目朗达制定检测方法和技术标准14项,获得授权发明专利2项,实用新型3项,软件著作权1项。"在长期研发过程中,朗达归纳总结出了一套完善的设计方案与标准,其他公司如果想介入,可能需要在各个环节上重新走一遍。"刘鹏对朗达所拥有的技术充满信心。"被复制需要跨太多坎儿,而朗达也不会原地不动。""朗达的项目把碳纤维产品技术用到纺机配套产品上,非常有意义,在纺织行业树立了典型。目前,纺机行业在推进高质量发展,这些新材料将成为纺机装备技术提升的有力支撑。"作为此次鉴定专家组主任的中国工程院蒋士成院士对于朗达的产品技术给出了上述评价。

时光不负赶路人,时代呼唤追梦人。回首过去,在刘鹏的带领下朗达凭借着产品精细、可靠和性能稳定,成为高端碳纤维复合材料制品制造企业的领跑者;展望未来,刘鹏信心满怀,为企业发展绘就了宏伟蓝图:坚持科研兴企、创新不辍,打造"中国领先的复合材料制造技术型企业",为成就百年名企不懈努力!

百舸争流　奋楫者先

大杨集团有限责任公司副总经理　刘海

近年来，大杨集团有限责任公司（以下简称大杨集团）锚定服装定制发展方向，激发创新动能，加快数字化转型。从2016年起，累计投入2亿元打造全球先进的服装智能化柔性定制工厂，解决了定制服装利润率高但制作周期长、成本高的行业难题，实现了单量单裁的私人定制规模化生产，把"大杨智造"推向全球。

刘海

远程接单、智能排板、一分钟完成裁剪……大杨集团的生产车间内，智能化应用无处不在。一套"单裁生产流程数字化动态管理系统"无缝衔接从接单到发运的300多道工序，使工作效率提升了80%，来自欧洲的客户从下单到穿上衣服只需要一周时间。

这样快的速度，源于大杨集团自主开发的优思达（Ustyylit）服装定制工业互联网平台，可实现制造全程智能排板、智能裁剪、智能吊挂运料、立体仓储，并且实现面辅料供应商、制造商、贸易商、品牌商、零售店铺等环节数据互联互通、协同生产。

主持建设这套服装定制工业互联网平台的就是大杨集团副总经理兼信息部部长刘海。

◆ 为中国服装业赋予新动能

刘海主持建设的大杨集团优思达（Ustyylit）服装定制工业互联网平台是基于深度定制和即时体验的全品类定制工业互联网平台。通过实施设备联网、车间数字化，依托PLC控制系统和信息系统，有效配合实现整个生产过程的自动化，并以数字化为依托，逐步实现数据驱动下的透明工厂，衔接服装定制产业链上下游关联企业，实现服装定制全产业链业务整合、数据互通，打造一个满足全球消费者个性化服装定制需求的生态圈。

纺织行业要高质量发展，就要由传统劳动密集型产业向信息化、数字化、智能化方向转变。通过优思达（Ustyylit）服装定制工业互联网平台，2022年大杨集团单裁订单量达到214万件/套，该平台的建设对引领行业发展具有重大意义。

据刘海介绍，该平台目前可进行产品定制，品类包括西装、衬衫、裤子、大衣、女装、休闲装等40多个，产品品类齐全，各品类均可实现规模性定制生产，可覆盖目前服装定制业务的所有主流产品。

该平台的定制业务主要以欧美市场为主，订单范围覆盖全球主要地区，包括英国、美国、加拿大、日本、欧洲等32个国家和地区，合作店面超千家，国内业务主要与衣邦人等合作。

该平台将面辅料供应商、生产工厂、定制销售客户、品牌商和零售店铺全面融入系统平台，整合企业生产管理能力优势、供应商合作优势、零售商的营销优势，实现服装定制产业链的供、产、销一体化。

通过为零售商和供应商开发专属应用程序编程（API）接口，可实现海量、高效、多样、精准的数据处理能力，与企业生产业务系统高效链接，日订单处理能力可达10万个。通过打造智能生产线，目前订单交期由原来15个工作日缩短至5个工作日。

利用积累的海量板型数据，大杨集团建立了千万级别的板型处理数据库。该数据库可实现多板型处理，兼容所有服装款式、板型、工艺；适应大、中、小各类型客户，打通产业链全部环节，实现无缝对接，为服装定制业务的发展奠定了基础。

目前该平台已实现云化设计。实现了定制服装的规模化生产；与供应商、工厂、定制店面形成产业链，实现数据格式统一，数据共享；通过智能生产线的打造，智能吊挂分拣仓储的应用，射频识别（RFID）、二维码等技术的应用，极大地提高了生产效率，提升了产品品质，有效降低了服装定制生产成本过高等问题。

刘海表示，该平台全面开放使用后，将彻底颠覆传统的服装制造行业的生产经营模式，顺应互联网经济潮流，将是制造业与互联网有机结合的典范，实现实体经济与虚拟经济的深度融合，为中国服装业的发展赋予新的动能。

该平台在行业推广应用后，对于服装行业的转型发展、辽宁地区区域经济发展以及东北老工业基地振兴起到十分积极的促进作用。特别是在当前经济环境复杂的大背景下，该项目的实施将大大提升企业的核心竞争力和抗风险能力，对整个行业的升级也将起到重要的支撑。

◆ 两化融合提升竞争力

刘海不仅主持建设了服装定制工业互联网平台，对于整体信息化建设更是不遗余力。刘海自2003年开始着手信息化基础建设，主持完成大杨集团信息系统架构设计，开发并实施大杨集团企业资源计划（ERP）系统，包括生产管理、品质管理，原材料及成品库存管理、人力资源、财务管理等流程，完成了工厂车间生产线流程精益优化设计，衬衫车间的自动化缝制单元改造，裁剪设备和整熨定型等设备的自动化升级改造，实施成品及面料仓库的RFID标签管理等，为以后集团的信息化和工业化融合工作打下了基础。

2016年集团实施"全球定制战略"，承接全球服装单量单裁订单，为了实现现有大货生产向柔性定制生产的模式转变，主持实施了大杨集团柔性服装定制工厂建设，负责智能工厂方案设计、智能化设备选型，并研发了服装定制领域的定制生产制造执行系统（MES）、数据采集与监视控制系统（SCADA）、服装定制仓储系统（WMS）等系统。该项目总投资1.5亿元，截至2022年，年定制订单量超200万件/套。

同时刘海还主持完成工业化和信息化融合管理体系的建设工作。在实施智能工厂的建设过程中，他以管理者代表的身份，依照国家两化融合管理体系的要求，基于"统筹规划、高效协同、持续创新、深度融合"的方针，通过了智能工厂的两化融合贯标认定工作并取得证书（CAS Ⅲ－00119 Ⅲ MS0023001），2023年通过升级版评定（AAA级）。

大杨集团近年来积极推进卓越绩效管理的工作，全面提升企业的竞争力，提升自身的管理能力。作为集团副总经理、信息部部长，刘海积极完成相关工作，获得了第六届大连市市长质量奖金奖、2019年辽宁省省长质量奖银奖。

刘海非常注重人才培养，为大杨集团培养了一批在信息技术上有创新思维和在服装技术上有理论知识的"服装+信息技术"复合型专业人才队伍。他鼓励部门员工拥抱变革和创新，为其创造培训和学习机会，学习大数据、物联网、云计算、人工智能等前沿知识，并逐步应用在工作之中，保证团队技术水平始终处于服装行业领先地位。在2023年大连市第五届"工匠杯"职工技能竞赛——暨全市数字技术应用技能大赛中，团队成员在"云计算""大数据""物联网"的比赛中，均获得优异成绩。

百舸争流，奋楫者先；千帆竞发，勇进者胜。大杨集团主动寻求发展，通过智能化转型和数字化升级，稳稳站在国内外服装行业鳌头，成为传统纺织服装产业"破壁突围"的中坚力量，也为中国制造业由大变强，转型升级提供地方样板。

技术精湛　为企解忧

山东日发纺织机械有限公司总经理　吕永法

2023年，山东日发纺织机械有限公司（以下简称山东日发纺机）收到一面来自客户的锦旗，上面印有"技术精湛为企解忧"的感谢语。"客户的设备更换为山东日发纺机自产伺服驱动器后，成功解决了边撑挡疵布的难题。这既是对公司电控技术部工程师专业技术和服务能力的褒奖，也是对我们自产电控产品品质的肯定和鞭策，更是对山东日发纺机长期以来坚持将质量放在第一位的发展战略的回馈。"山东日发纺机总经理吕永法说。

吕永法

山东日发纺机是"国家行业标准起草单位""国家级制造业单项冠军示范企业"，是我国目前规模较大、品种规格较全的高档无梭织机生产、研发基地。总经理吕永法始终致力于打造智能、绿色、高效的新型纺织机械装备。在他的带领下，公司立足于高新科技，先后获得国家级新产品6项、省级新产品10余项、发明和实用新型专利100余项，先后承担过国家创新基金以及国家科技支撑计划、国家火炬计划等多项国家级科技计划项目。吕永法凭借过人的胆识、魄力以及独特的经营手段，带领团队锐意进取，使企业得到了健康、稳定的发展。

◆ 重视科研　填补国内织造行业空白

吕永法任职山东日发纺机总经理后，积极推进企业的转型升级，公司每年将销售收入的3%～5%作为研发费用，形成了"销售一代，试制一代，研发一代"的科研模式。先后承担多个国家科技支撑计划、国家重点新产品计划、科技部火炬计划等项目，产品信息化、智能化程度高，应用范围广，拥有400多项国家专利、软件著作权。多款产品填补了国内织造行业的空白，是促进纺织产业转型升级、替代进口的重点产品。为率先掌握产品的核心技术，保证科研工作的持续性，公司先后搭建"剑杆织机工程技术研究中心""山东省省级企业技术中心""山东省工业设计中心""山东省纺织机械工程实验室"等多个研发平台，同时也是中国纺织工业协会下设的喷气织机产品技术研发中心和喷水织机产品技术研发中心。中心技术设备先进，技术力量雄厚。

吕永法长期奋斗在科研一线，完成了多项国家级及省级重大科技项目，主持开发了国内首台高档紧密纺纱机、全自动高速转杯纺纱机、节能超高速智能化柔性精密卷绕系统等国际先进产品，先后获得中国纺织工业联合会科学技术进步奖、上海市科学技术进步奖等多项荣誉。主持完成的"高能耗行业节能技术研究及应用示范——绿色印染技术及装备的研发及产业化应用"项目，被列入2018年度重点研发计划项目，主持研发的"一次成型针织成套装备绿色设计平台建设项目"被工业和信息化部列入绿色制造系统集成项目。此外，还参与制订了"20204793-T-608《纺织装备互联互通与互操作 第1部分：通用技术要求》(2024793-T-608)、《纺纱器》(FZ/T 93103—2018)、《转杯纺纱机》(FZ/T 93015—2010)等国家、行业标准，对推进纺织行业高效、低耗、绿色发展起到了积极作用。不仅引领了行业的发展，也有效提高了"日发"品牌的市场认可度，提升了企业的知名度和品牌形象。

◆ 提升品牌影响力　建设高水平人才队伍

为全面提升"日发"品牌影响力，公司进一步定位全球市场，针对区域特点做品牌宣传和销售策略。长期与《纺织机械》《纺织服装周刊》《中国纺织报》以及中国纱线网等专业期刊和网站合作。每年参加国际、国内高端、专业纺机展会，在市场比较集中的区域成立办事处，定期召开客户答谢会及新产品展览会，有力提升了日发品牌市场知名度，成功将日发品牌织机推向国内、国际市场。

一个企业要想长期健康发展，最关键的因素就是人。为建设一支技术水平高、业务素质过硬的人才队伍，公司针对不同岗位分别制订了系统的培训和继续教育制度。通过开展多层次、全方位的培训，采取外派进修学习、业务自学、聘请专家教授举办专题讲座等形式，创造良好的人才培育环境。近5年累计投入教育培训经费200万元，培训人员1000多人次，全员培训率达到100%。目前，公司拥有专业技术人员150余名，中、高级职称以上80余人，拥有各类纺织领域技术带头人20余人，其中山东省泰山产业领军人才1人、山东省高层次人才9人、山东省优秀工程师1人、聊城市有突出贡献优秀中青年专家2人。人员学历、知识、年龄结构合理，专业涵盖纺织工程、非织造材料与工程、纺织机械与设备、机械设计、机械制造自动化等，创新团队长期从事科技开发、经验丰富，是一支素质优良、富有活力的创新型科研开发队伍。

◆ 苦练内功　形成可持续发展新模式

高质量发展首先要苦练内功，吕永法任职山东日发纺织机总经理后，为推动纺织装备生产过程的数字化升级，先后投资近千万元，引入了ERP生产管理系统、产品全生命周期管理（PLM）系统，推进装配流水线建设项目，搭建三条脉动式装配流水线，人均效率提升25%～30%、周转天数减少20%、定额与直接人工下降380元/台；在推进产品智能化升级方面，开发了智能化网络化的产品控制系统，搭建了日发智纺云平台，将信息化和工业化深度融合，形成了高端纺织装备的可持续发展新模式，有效推进纺织行业高质量发展。同时，公司严格遵守环境保护法律法规，坚决践行习近平总书记"绿水青山就是金山银山"重要理论，作为高新区标杆企业，以身作则，积极响应上级的决策部署。近年来公司不断增加环境保护资金投入，目前已建设四套活性炭吸附+催化燃烧废气处理设备、一套沸石转轮+一氧化碳和活性炭吸附+催化燃烧设备累计投入资金600余万元。

公司积极响应山东省《关于推动创新链与产业链深度融合加力提速工业经济高质量发展的若干措施》，作为纺机装备行业的"链主"企业，公司成功从浙江嵊州、温州引入4家专业配套企业落户聊城，目前有两家已经发展成为规上企业。同时，通过对供应商的进一步梳理，利用公司大订单优势，充分挖掘周围配套企业的潜力，有力带动聊城及周边109家配套企业协同发展，占比全部供应商（470家）总数的23%，社会效益显著。

危中求机凭的是魄力更是实力。三年疫情形势下，吕永法带领团队及时调研市场行情、调整研发方向和市场特点，将织机专业化程度进行更加明确的细分。紧跟"一带一路"国家发展大战略及东南亚等国际市场趋势的变化，成功抓住了全球市场机遇，为当地经济发展贡献力量。根据纺机协会统计，日发品牌无梭织机产品国内市场占有率达13.75%，持续位居国内、省内第一，国际市场占有率达6.7%，位居国际前三。

对于接下来的发展，吕永法满怀信心地说："未来几年，山东日发纺机会在自己擅长的领域稳扎稳打，沉下心来抓好质量、成本、创新三项工作重点，把各产品打造成各个细分行业的龙头产品，使得山东日发纺机成长为一个大而美的企业。为这个目标，我们鼓足干劲向前冲！"

初心不改　知责尽责有担当

东方国际集团上海环境科技有限公司副总经理　陈斐

陈斐作为一名工作在一线的技术工作者，于2004年大学毕业后进入上海纺织节能环保中心（2022年改制为东方国际集团上海环境科技有限公司），主要从事生态环保服务工作。陈斐严于律己，政治坚定，思想上要求上进，有很强的政治意识、责任意识、大局意识。工作、生活作风严谨，为人谦虚，团结同志，深得干部群众的信赖。考虑问题周到全面，遇事沉着冷静，往往有自己独到的见解。特别是作为青年干部，发挥了想干事、能干事、干成事的顽强工作作风。

陈斐

◆ 勤学苦练、精于钻研　用心践行工匠精神

陈斐从一名普普通通的分析员做起，先后在现场、项目管理、质量管理等一线岗位锻炼才干，始终如一地以过硬的专业技能、严谨的工作态度、忘我的工作热情、敢为人先的工作魄力，投身于环保事业。作为一名技术人员，她勤奋钻研，为了摸清仪器分析条件，常常加班到深夜；为了核实监测数据的准确性，她和现场人员爬高几十米，了解生产工况及现场条件；为了制订最优的环境调查方案，无论酷暑严寒，都带领项目负责人勘查现场，明确布点、监测方案，出色完成了大量市级课题；为了提高工作效率，带领实验室人员自主开发了集成气体吹脱回流装置等专用设备。在能力建设方面，她一丝不苟地完成确定扩项参数、设备选型、方法验证确认、人员培训、资质认定评审等各项工作，以严谨高效的工作节奏带领团队快速成长，目前资质能力已包括22个业务大类，634个参数，近千项方法，将原先仅有几名分析人员的实验室，快速建设成为国内一流的实验室与环保服务平台。以全市环境监测领域最优的第三方，实现了机构市场化服务的成功转型，也是上海纺织积极投身国家生态环境建设工作的排头兵。

陈斐不仅有扎实过硬的专业素养，还能敏锐地洞察到这个领域未来的发展方向，站在技术发展和未来发展的制高点，带领团队积极攻克技术难关。在她的带领下，已完成了二噁英、新污染物检测体系的建设，并同步规划筹建生态实验室和海洋监测实验室，以国家"十四五"生态环境发展目标为核心，提前在生态领域和开发海洋战略方面谋篇布局。作为机构技术负责人，在分析、现场、咨询等多个领域不断实现技术升级突破，现已成为国家备案的固废鉴定机构、上海市生态环境损害司法鉴定机构，拓展了市场化服务的广度、提升了专业化服务的高度。作为科研工作负责人，她带领团队接连承担了多个区级、市级科研项目，如杨浦区科学技术委员会的VOC及重金属检测服务平台、市发展和改革委员会的土壤修复与辐射研究检测平台、市科学技术委员会的环保大数据应用分析研究平台、市科学技术委员会的重大项目——地下水典型污染物监测及多项协同处理技术与应用示范研究等，其中地下水项目还荣获了集团十大创新项目的称号。在数年科研工作中，个人拥有12项专利技术，同时也是上海市科学技术委员会、生态环境局、市场监督管理局、经济和信息化委员会、司法局认可的节能环保专家。

◆ 勇挑重担、敢为人先　实现业务高质量发展

陈斐坚持以稳中求进的步调推进检测中心各项工作。牢牢坚持"以客户为中心"的服务理念，创新变革举措，更好地为客户提供服务，并通过自身的"强基"，打造环保服务的硬核实力，开辟新赛道，把握发展机遇。她带领业务团队承接了大量市区重点项目，如全市河长制河道水质考核的调查、全市工业用地土壤详查、第二次全国污染源普查化学纤维制造业产排污核算、长江口水质调查、进博会空气质量保障等重大任务，为中心在全市、全国范围内打响知名度、树立品牌作出了重要贡献，为坚决打赢污染防治攻坚战、提升生态环境质量提供了科学依据和技术支撑。

在着力打造企业核心竞争力，实现高质量发展的推进过程中，她紧紧围绕集团综合改革目标，认真梳理分管工作，对标对表，细化任务目标、实施路径，扎实将改革创新工作走深、走实。数字化转型与绿色低碳是产业转型发展的重要引擎。在"两化"协同发展方面，她带领团队深挖潜力、创新突破，不断延伸服务内容，提升服务水平。企业率先上线环境实验室信息管理PaaS平台、环保数据分析GIS应用平台，服务终端包括在线监测AIoT平台、环保管家、能管家、碳管家、土壤修复大数据应用平台，累计为1500余家企业提供了数据分析与决策咨询服务，有力地支撑了环保综合业务的提质增效。在绿色服务方面，立足节能技术服务，支撑绿色制造体系建设。从资源、工艺设备、产品设计、排污等多角度挖掘节能潜力机会，帮助业内企业完成年度节能减碳目标指标。作为工业和信息化部绿色评价、节能诊断四星

服务机构，已协助晋江港益纤维、天鼎丰、明尼苏达、华谊涂料、浙江传化、大众汽车、沪东船厂等多家企业开展碳排放核查、绿色工厂、零碳工厂、节能诊断、能源审计等工作，荣获了上海市协会节能减排先进集体称号。

陈斐工作勤勉，时刻严格要求自己，不忘自己是一名共产党员，在各项工作和活动中走在群众的前面。进博会期间，她带领相关同志坚守岗位，24小时待命完成交通站的空气质量分析，为进博会环境空气质量保障工作提供了技术支撑，该项工作已连续3年获得市级领导的肯定与表扬。

在近20年技术工作中，陈斐不仅严于律己，作为一线技术耕耘者，还时刻关心团队的成长，以日常工作为基础、以科研项目为核心，锻炼培养了一批人才，目前公司硕士、博士已超百人，是企业实现高质量发展的重要保障。在她的鼓舞带动下，团队及个人多次获得了市青年文明号、优秀共产党员、青年技术能手、青年工匠等荣誉，她本人在职期间也曾获得集团优秀团干部、新长征突击手、集团三八红旗手、全国纺织工业先进工作者等称号。

大道至简　知易行难

济南元首纺织有限责任公司副总经理　陈君

2004年，陈君进入纺纱行业，至今已经摸爬滚打19年，从一线挡车工开始，逐步成为高级管理人员，这不仅显现了她对纺织事业的热爱，更是勇攀高峰、突破自我的价值体现。2018年7月陈君进入济南元首纺织有限责任公司（以下简称元首纺织），2019年12月担任副总经理，负责棉纺生产管理。曾先后两次被济南市国资委评为"国企楷模·我们的榜样"创新人物，被评为2022年度济南市优秀

陈君

纺织企业家，被中共济南市委人才工作领导小组认定为"济南市高层次人才（E类）"。在她的带领下，员工涌现出"济南市五一劳动奖章""市级创新能手""济南市首席技师""职业道德标兵""国资委系统优秀共产党员"等获得者，企业荣获"全国纺织行业创新型班组""全国劳动关系和谐企业"等荣誉称号。

◆ 管理改革　创造"元首速度"

进入元首纺织后，陈君始终保持谦虚谨慎的态度，"学习国企管理经验，跟党员一起攻坚克难"，成为她时常挂在嘴边的话。然而真正开展工作，等待她的不仅有学习，更有困难和矛盾。元首纺织自2014年底投产以来，由于专业管理人员不足，职工操作水平欠缺，企业生产经营一直处在摸索阶段，走了很多弯路，形成了一些现代化的新企业不应该出现的观念文化和管理乱象。"刚来时5万纱锭下机产量不足450吨，细纱机的罗拉速度，以40支纱线为例，平均转速刚到1.2万转/分钟，这与同行业平均水平差距较大。设备保养不及时，运转状态不好，产品质量频繁波动，管理、工艺、培训跟不上，甚至出现偏支纱、错支纱现象。"面对企业生产经营状态，陈君压力很大。但困难就是最好的试金石，接手生产管理后，她全身心扑在管理改革上，

从设备整机、人员培训到制订规章制度、技术改造等，开展了事无巨细的全面整改，给企业带来一股冲劲。

在她的带领下，元首纺织相继出台了十多个管理规程，开展生产全流程可追溯体系建设，确保每个筒纱、每个棉条都能追溯到个人，增强员工的责任感。组织保全、运转人员大培训，从操作技术到工艺执行进行标准化示范，每周组织全面巡回检查……

对于日常管理工作，陈君始终抓好班前会和生产例会，加强与一线员工的沟通配合，围绕车间改纺、设备运转、车间温湿度，包括此前一天的遗留任务，各组交接班时出现的问题等进行安排布置。她切实贯彻落实习近平总书记对中青年干部的要求，不断追求"我将无我，不负人民"的精神境界，她经常说："领导是旗帜，员工如影随形地追着；领导是路标，员工毫不犹豫地顺着标记前行。"她严格要求自己，什么事都亲力亲为，与员工同甘共苦，住厂加班已是家常便饭。24小时不关机的她遇到半夜车间突发状况，作为领导，也总是第一时间赶到，无论大事小事，她总是把员工的事情作为第一要务。她用实际行动证明着，干部成长无捷径可走，经风雨、见世面才能壮筋骨长才干。要做起而行之的行动者，不做坐而论道的清谈客。

一系列管理调整收到了立竿见影的效果。现今，5万纱锭下机量已达到750多吨/月，细纱罗拉转速到1.6万转/分钟。为有效利用一期厂房、增加产量、分摊固定成本，她提议新上一条气流纺生产线。为了让新气流纺生产线快速投产，从设备进厂开始，陈君亲自进行市场调研，组织专家讨论，进行设备招标，安装调试，功夫不负有心人，4个多月顺利达产，创造了真正的"元首速度"，整条生产线年产纱线3000吨，大幅提高了产能，为公司增加了巨大的效益。

◆ 重视创新　提升质量降低成本

一直以来，陈君十分重视科技创新，专注于产品研发。带领技术团队攻克一个又一个技术难题，规范技术开发管理流程，激发技术人员积极性。担任企业副总经理后，她把创新精神植入企业各个车间，并带领技术研发团队开展技术研发，全方位提升企业产品技术研发能力，在企业质量提升、成本降低、新产品开发等方面作出了突出贡献。她利用工作之余与销售、实验室人员共同进行技术培训，亲自去市场调查，试验示范，分析比较，确定适合企业推广的新品种，积极与天津工业大学教授联络，夜以继日地研究纺芳香纱。近几年在她的坚持下，产品结构不停地跟随市场调整，设备改造不断推进，公司陆续增加了黏棉混纺赛络12支、14支，气流纺21支、32支等多个新品种，并成功申请"超柔纱"专利，"气流纺设备加写节电程序"专利，"清花设备加压力表装置"专利，她也将天丝、莫代尔、大豆纤维等纳入新品种的选择。与此同时，她努力打造品牌服务，提升品牌影响力，经过和班子成员的研究讨论，最终设计并确定了元首纺织纱线品牌和商标，实现了品牌从无到有。她主动经历风霜雨雪的洗礼，把完成急难险重任务作为锤炼自我、磨砺自我的"试金石"，以"咬定青山不放松""不破楼兰终不还"的精神感召了客户，感动了员工。

一花独放不是春，百花齐放春满园。作为公司生产的分管领导，陈君从未摆过"官架子"，她每天在车间巡查，总是会手把手指导学徒工人，反复讲解动作要领，在坚持不懈地努力下，车间员工很快就可以独立上岗，成为岗位上的新生力量。不仅如此，为提升职工操作技能与素养水平，她积极鼓励职工参与新型学徒制培训，采取"产教融合、工学一体"的培养模式，通过培训，员工操作技术也取得了长足的进步，各项指标上升到行业中上游水平，完成了从内部消化到市场经营的转型，为企业高质量发展作出突出贡献。榜样的作用是无穷的，在她的影响下，前纺运转班组被评为"全国纺织行业优秀创新型班组"，车间相继涌现出一批"职业道德先进个人""五一劳动奖章获得者""济南市农民工优秀共产党员""济南市国资委优秀共产党员""济南市首席技师"等先模人物。

◆ 坚持方向　为客户提供更好的服务

元首纺织起初用棉主体为澳棉和美棉，生产成本较高，配棉批次不稳导致产品质量也不是很稳定。为了降低成本、稳定质量，公司提出以新疆棉为主体组织生产。她带领研发团队通过大量的试纺工作，研发了适合新疆棉的新工艺，在清花轻打击多开松，梳棉机紧隔距、多分梳，通过新工艺的研发，很好地发挥了新疆棉的优势，形成了元首纺织独有的特色产品，质优价廉、质量稳定，得到客户认可，也为企业提质增效作出了较大的贡献。在近期个别国家和组织对新疆棉恶意中伤时，陈君表示，"新疆棉是我们配棉的主力，尽管现在国际上一些组织对于新疆棉出现了非市场化的打压，但我们始终坚持正确的方向，坚持走自己的路，严格控制产品质量，为客户提供更好的服务"。

面对棉花期货市场不稳定，国内纺织服装出口下滑严重，后续欧美国家高通胀、银行倒闭危机等，一系列将会给纺织市场带来的变化和影响，企业转型升级势在必行，发展的瓶颈如何突破？这也是陈君一直思考的问题。纺织行业是"两高一剩"的产业，她表示，今后将继续通过团队调研、专家论证等方式，不断推出降低能耗、产品升级等举措。现在，二期项目已经通过专家论证，二期项目将对标国内一流产品质量，实现5G信息共享，实现无灯车间，做别人做不了的产品，赢得新市场，争创全国一流企业。

◆ 笃定前行　为区域经济发展贡献力量

大道至简，知易行难。成绩的背后，是艰苦的付出，是理念的融合。回想起初，陈君坦言很多员工都不理解。"比如为了提高效率，降低成本，我们通过技术比武和严格奖惩，将设备保全从12个降低到8个，减少人员调整到一线运转，与旧有的体制、机制会有冲突。"但是，随着一系列的改革推进，企业迎来了大踏步发展，很多矛盾逐步化解。"要让大家明白，改革的初衷和目的是做强做优做大，是增进员工福祉，是更好承担责任，而不是其他别的东西。"通过改革，元首纺织人均工资稳步提升，广大职工切实从发展中受益。在她管理期间，企业始终保持安全和质量事故零态势，产品质量在客户中形成了良好的口碑。

"一路走来，我最大的收获不只是赞赏、荣誉，还明白了只要坚守和努力，人生就能在奋斗中绽放光彩。我的梦想就是将自己多年的操作技术和心得传授给更多职工，帮大家实现向技术型工人的转变，提升产品品质，助推元首纺织高质量发展，为区域经济发展贡献力量。"谈及未来，陈君目光坚定地说道。

创新不仅是为了变革，更是为了当下；不仅是为了回望初心，更是为了笃定前行。我们相信，陈君带领她的团队在前进的道路上一定会初心不改，奋勇向前！

专注核心技术攻坚　将创新视为生命线

浙江泰坦股份有限公司董事长　陈宥融

浙江泰坦股份有限公司（以下简称泰坦股份）董事长陈宥融与全体员工同心同德，积极进取，勇于创新。在他的带领下，公司实现了从提速扩张到转型升级，从优化整合到成功上市的重大蜕变。他始终秉承创新进取、实业报国的发展理念，以"突出主业、做精专业、领先行业、做强企业"为

陈宥融

战略，借助"以人为本"和"自主创新"两大能量源，不断增强产品的市场竞争力和企业的综合实力，公司先后获得国家级高新技术企业、全国纺织工业先进集体、中国纺织服装企业竞争力500强、中国纺织十大品牌文化企业、中国纺织工业联合会产品开发贡献奖、浙江省"隐形冠军"企业、浙江省创新型示范企业、浙江省专利示范企业等荣誉称号。公司于2021年1月28日在深交所成功挂牌上市，成为国内纺织机械制造的领头羊企业。

在陈宥融的带领下，公司商业版图不断扩大，下辖融君科技、乐挚智能科技、浙江东夏纺机有限公司、阿克苏普美纺织科技、新疆扬子江纺织有限公司等多家子公司，遍布浙江、江苏、新疆等地，业务涵盖纺织、物流等领域。

◆ 科技赋能创新发展

抓创新就是抓发展，谋创新就是谋未来。企业是科技与经济紧密结合的重要力量，是推动创新创造的生力军。坚持研发创新以及改进工艺技术，是泰坦股份保持快速成长的重要保障。在陈宥融的运帷和带领下，公司建立了省级技术开发中心、省重点企业研究院和绍兴市院士专家工作站等科研机构；建立了研究院、五大事业

部技术科、生产车间技术小组联合组成的"金字塔"形三级技术创新开发体系。同时，外聘多位专家教授，并与浙江理工大学、武汉纺织大学等多所高校建立广泛合作关系，加强产学研深度融合，推动科技成果转化。

近年来，公司承担了国家科技支撑计划"高档数字化纺织装备研发与产业化"等项目。经过多年的技术创新和积累，公司目前拥有国内专利240余项，其中有效发明专利8项，掌握了"织机传动机构""电子行星绞边装置的交流伺服电机控制电路""大扭矩寻纬装置""织机变速织造技术""槽筒制造技术"等众多关键技术。公司还是《中华人民共和国纺织行业标准》中自动络筒机、倍捻机、倍捻锭子等国内行业标准的主要起草单位，转杯纺纱机、并纱机国内行业标准的第一起草单位。在陈宥融的带领下，企业自主创新的技术优势尤为明显。

◆ 多品种开发　专业性制造

陈宥融认为一切产品都有生命周期，公司发展要勇于自我改革，不断推陈出新。在他的带领下，泰坦股份集研发、制造、销售、服务于一体，致力于打造数字化、自动化、智能化的高端纺织机械装备，始终秉承"研发一代、储备一代、生产一代"的产品开发策略。自1992年成功研发出中国第一台倍捻机填补国内市场空白，到如今高速织造设备、智能纺纱设备、新型加捻设备、自动络筒设备，以及高端加弹设备等多产品并驾齐驱的产品布局。公司多款产品性能达到比肩国际同类产品先进水平，市场占有率稳居行业前列。2022年度TQF型转杯纺纱机在行业内同类产品中市场占有率排名前二位，TT系列数字化高速剑杆织机在行业内同类产品中市场占有率排名第二位。TQF-K80转杯纺纱机、TSB-50高速并纱机、TCN-20大卷装化纤倍捻机、TTM-01精密络筒机等多个产品通过省级新产品鉴定。公司新研发的TTJK-1000V假捻变形机可将POY原丝（聚酯预取向丝），通过拉升和假捻变形加工成具有低弹性能的假捻变形丝（DTY涤纶弹力丝），同时可配备网络丝加工。

◆ 树品牌　优化管理

陈宥融注重以技术创新强化产品研发优势，以产品研发、营销服务塑造品牌优势。公司产品具有良好的品牌效应，客户认同度高。"泰坦"牌商标被评定为浙江省著名商标，公司的转杯纺纱机、高速剑杆织机等各类纺机产品市场占有率名列前茅，在行业内树立了良好的品牌形象，提升了品牌的竞争力。同时，他以专业展会为依托，加大泰坦品牌的宣传力度，突出展示高端设备的亮点和先进功能技术，通过辐射力强、影响力广的交流平台，使公司的产品、技术、生产、营销、文化等诸多方面得到开放性的比较优势，进一步夯实和提升了品牌的知名度，带来市场和机遇的借力发展，取得卓有成效的进展。目前，海内外市场开拓成效显著，产品已远销30多个国家与地区，泰坦品牌的知名度和影响力大大提升。

陈宥融十分重视人才培养，不断建设高素质人才队伍。建立健全各项工作机制，着力加强制度执行力，推进标准化建设，促进规范化管理。对各部门实行目标管理、指标考核、责任落实的政策，让各岗位人员积极投入各自岗位工作，干出实绩。营造引人、育人、用人、激励人的良好氛围，通过丰富培养方式、搭建成长平台、严格选拔使用、优化留人环境等路径，培养和聚集了一批人才，为高质量发展奠定了坚实基础。公司经过长期的筛选和培养，不仅拥有了一批熟练的生产人员、经验丰富的技术及研发人员、复合型的营销和售后服务人员，而且拥有一支深谙行业动态、专注高端纺机发展20余年的管理团队。公司多年被评为"绍兴市重才爱才先进单位"。

在陈宥融的管理与引导下，泰坦股份全体员工凝心聚力，扎实工作，近年来公司各项重要经济指标稳中有升，企业效益继续改善、发展韧劲持续显现。2020年、2021年、2022年分别实现销售额6.68亿元、12.43亿元、16.00亿元。泰坦股份始终将推进纺织行业高质量发展，走持续创新发展道路，秉承"质量第一、用户第一、服务第一"的经营理念，产品不断向多元化、系列化、智能化方向发展，致力于为下游客户提供个性化定制服务。例如，通过创新技术改善工艺，开发节能型锭子，助推生产效率提升的同时实现节能降耗。围绕客户的需求变化，不断开发新技术、新产品，确保产品质量，力争做到技术引领，如开发的单锭引纱控制系统及步进电机单锭引纱集体生头系统，转速高、能耗低、维护方便、自动化程度高，满足并超越了客户的期望。此外，面对市场形势变化，及时调整现有产品结构，对出口化纤倍捻机及络筒机做了大幅改进，提高产能，以满足市场需求，提升竞争力。总之，持续推进的技术创新、产品迭代和智能制造，为公司发展提供了强大引擎。

未来，陈宥融亦将带领公司全体干部员工着力补短板、强特色，加快构建内生外拓并进、双轨驱动的发展模式，实现泰坦品牌价值的可持续增长。在纺织行业高质量发展的道路上持续深耕细作，发扬工匠精神，在培养高端人才赋能纺织产业发展、推动纺织行业转型升级等方面继续贡献力量。

从车间走出的棉纺专家

湖北天门纺织机械股份有限公司副总工程师　樊早兵

在机声隆隆的生产现场、在计算机林立的研发中心、在产业集群技术交流讲台上，人们时常能看到一位年过五旬的健者。他就是湖北天门纺织机械股份有限公司（以下简称天门纺机）高级检验师、副总工程师樊早兵。

几十年来，樊早兵一直致力于棉纺并条机的研发和生产应用，在国内纺织行业并条工序技术研究领域享有盛誉。他先后获得公司劳动模范、公司特别贡献

樊早兵

奖、2014年天门市经济开发区先进工作者、2017年天门市经济开发区先进共产党员、2019年全国机械行业劳动模范等多项个人荣誉。但他深知，质量品牌建设和产品创新工作道阻且长，只有专注专一、不断探索，才能百尺竿头更进一步。

◆ 从质检员成长为质管专员

樊早兵是天门纺机高级检验师，对质量检验、质量管理、计量理化、生产工艺、装配涂装、安装调试等相关技术无所不精。公司产品有多种规格、型号，涉及零部件几万个，每个他都烂熟于心。产品装配试车，他只需通过目测、听辩、触摸就能基本判定出问题所在。在从事质量管理工作期间，他根据现场调查资料，经过一个多月时间的分析整理，编制了《检验员检测实务》培训教材，并通过对检验员从理论基础到实际操作、从检验记录到工作流程、从质量意识到措施防范、从符合判定到适用判定等系统知识的讲解、培训，使检验团队综合素质大幅提升，公司产品质量也有了明显改进，零部件及整机装配一次交验合格率一直稳定在98.5%以上，零部件正品率达99.2%以上，出厂合格率达100%。

2001年，他主持开展ISO 9001质量管理体系认证工作，使公司成为天门市最早

被国家质量体系认证机构评审通过的工业企业。2005～2010年，他主持质量品牌建设工作，使公司主导产品棉纺并条机先后获得"湖北省优质产品""湖北省著名商标""60年最具影响力的纺织产品""制造业单项冠军产品"等荣誉。2012年，他组织推进卓越绩效管理模式，使天门纺机获得天门市首届陆羽质量奖，2022年获得湖北省长江质量奖提名奖。

◆ 从试验员发展为技术中坚

樊早兵主管产品安装调试、新机验证及技术改进的落实落地工作。多年来，公司每次进行产品设计论证，他都准备充分，除了提供各项测试基础数据外，还依据横向与纵向的技术分析和比较，提出改进思路与方案。在设计验证阶段，他更加谨小慎微，总是通过不同方式、方法采集数据，进行对比分析，直至确认达到最佳设计效果。对每个产品改进的成功经验或失败教训，他都进行详细的归纳整理，使之成为今后研发工作重要的技术参考。

为了提高公司产品质量，樊早兵跨行自学棉纺工程学，并直接到用户厂家进行安装调试，有时为采集数据，他连续在棉纺厂待几个月，直到找出设备故障原因并分析提出解决办法。

2017年，公司派他到新疆一个规模30万锭的纺织客户去安装调试设备。因为是初建厂，工作条件很差，生活不便，而且职工全部是新招的维吾尔族工人，语言不通，沟通困难，技能基础也很薄弱，工作效率非常低下。为了按时完成安装计划，他没有提任何条件，而是自我加压，每天起早摸黑地工作。在施工中，他详细规划并协调完善，现场各个环节也处理得井井有条。客户预计6个月完成的工作，结果提前1个月完成，设备支付合格率达100%，天门纺机也成为该项目合作方中唯一一个提前完工的设备供应商，受到客户的高度赞扬。

2021年，天门纺机T1系列并条机新产品投放市场后，深受用户欢迎。但是，经过一段时间运行，该系列产品在纺部分再生纤维原料时，多家纺企反馈生产效率低下，质量故障频发。公司多次派遣技术与服务人员带着不同方案去解决均未得到效果。为此，樊早兵紧急前往现场，通过观察、调查，判断是高速下集棉三角区反冲气流引起的纤维离散造成缠堵的问题。随即现场进行改进，立即收到效果，并条机由原来开400米/分时平均两分钟缠堵一次到提速到700米/分连续运行。快速的诊断与改进，鲜明的结果对比，让纺企管理和操作人员大为感叹，佩服不已。此后，该改进方法和技术通过推广，彻底解决了所有纺企反馈的类似问题，为公司产品稳定市场、提高声誉起到了关键作用。

为了提高企业质量管理水平和质检队伍的整体素质，公司委托樊早兵开展质量培训工作。为此，经过一个多月的准备，樊早兵编制了《检验员检测实务》培训教材，并利用业余时间组织培训。从理论基础到实际操作，从检验记录到工作流程，从质量意识到防范措施，从符合判定到适用判定等进行系统的讲解演练，使整个检验团队的综合素质得到大幅提升，公司产品质量得到较大提高。

公司组织内部培训，樊早兵是不可或缺的老师之一。他讲课贴近实际、易理解，深受员工好评和欢迎。在他的影响和带动下，公司零部件及整机装配一次交验合格率一直稳定在98.5%以上，零部件正品率达99.2%以上，出厂合格率达100%。

◆ 从研发员跻身为棉纺专家

樊早兵深入全国各纺织产业集群走访并解决实际问题，长期在国内纺织网络平台及中国纱线网、《棉纺织技术》杂志社等受聘讲课，参与编撰的《并条实用技术百问》受到广大纺织企业的好评。他主讲的《并条机自调匀整的应用与相关问题解读》《并条工序常见问题的分析与解决方案》等多篇课件成为纺企并条工序应用的法宝。与此同时，他还长年热心于线上线下与纺企交流，深入纺企实际解决困难。在中国纱线网"纺织大学堂"和《棉纺织技术》杂志社"梭子讲堂"，解答纺织企业并条机日常应用问题，在公司与中国纱线网共同举办的公益技术活动"并条技术学习月"中，连续3年开展线上交流与答疑，参加活动人员达6万余人。

基于长期的生产实践和对纺织工程理论的深入研究，樊早兵前瞻性地提出了"并条工序全自调匀整"概念。为了论证这一概念的可行性，他走访了许多棉纺厂家，同广大纺织工程技术人员一道探讨并条工序全匀整对提高棉条及成纱质量的作用与效果。与此同时，天门纺机在他的积极建议和带动下，与武汉纺织大学、安徽华茂纺织股份有限公司合作研发了TM1系列并条工序全自调匀整产线，并进行市场推广。该产线从精梳预并、头道到末道的并条，创新性地将全并条工序均使用具有自调匀整功能的并条机，借助物联互通功能，各道并条机的工艺可自动优化。这一创新解决了纺企并条技术运用粗放式管控的现象，明显改善了并条及后续工序的指标，显著提升了布面质量。头并重量CV值可控制在0.7以下，末并重量CV值可控制在0.3以下；成纱长粗减少50%，长细减少64%，布面实物质量提升1或2个等级。同时，实现了设备间数据共享和远程控制，开发适用于纺纱工艺的智能匀整控制算法和维护决策模型，从而提高了工艺的智能化水平。应用该技术可提高生产效率、降低成本，为纺织行业的可持续发展提供了重要的技术支持。

樊早兵多年来的付出得到天门纺机及社会的广泛认可。他是天门市技术监督局人才库的专家，也是技术志愿服务者，经常在市技术监督局组织开展的技术咨询服务活动中，与本市同类企业进行技术交流，帮助他们提高质量管理水平。

他多年从事高级检验师工作，因为在质量把关上坚持原则而受到部分基层干部、员工及对外协作合作单位的冷漠对待，甚至怨恨和谩骂。但他从未后悔过，他说："作为一名检验员，就要像法官一样坚持住原则，耐得住寂寞，守得住清贫！"

在技术交流与售后服务过程中，他经常手把手地带新员工，毫无保留地向他们传授技艺，帮助他们成长，成为公司传、帮、带的一面旗帜。

推广聚乳酸应用　突破技术关键

安徽丰原生物纤维股份有限公司总经理　范亚庆

安徽丰原生物纤维股份有限公司（以下简称丰原生物纤维公司）总经理、销售总监范亚庆在十余年的工作中一直秉承着"三公、四严、四以"的管理原则和工作作风，兢兢业业，尽自己所能为集团及公司作出贡献，始终铭记"丰原人"的初衷和本真。在丰原生物纤维公司坚持"制度化、规范化、科学化"管理，带领公司研发团队钻研聚乳酸产品工艺技术，提高产品质量，不断降低生产成本，并积极推广聚乳酸产品的广泛应用。

范亚庆

◆ 实现聚乳酸短纤维稳定生产运行

为开发聚乳酸（PLA）纤维相关产品，打通聚乳酸在纺织领域应用的各个环节，实现聚乳酸材料在纺织领域的广泛应用，为社会大众提供健康环保纺织品，提高人们的生活品质，丰原生物纤维公司掌握了从聚乳酸切片纺丝、纤维纺纱、长丝加弹、纱线织造、布料染整、成衣缝制等全产业链技术。

"十三五"期间，公司根据聚乳酸材料特性，借鉴涤纶产线与纺丝技术原理，通过自主技术创新，设计开发了适用于聚乳酸的纺丝工艺、喷丝板、纺丝螺杆，以及相关控制系统等装备与工艺，攻克了本色与原液着色聚乳酸短纤维产品开发与生产、本色与原液着色聚乳酸长丝产品开发与生产，以及聚乳酸烟用丝束产品开发与生产等聚乳酸系列纤维产品研发与生产的诸多关键技术问题，使聚乳酸短纤维、长丝与烟用丝束产品得以规模化稳定生产，并直接应用到系列化聚乳酸纺织品的生产应用上，打通了聚乳酸材料到聚乳酸终端纺织品的全产业链，为聚乳酸材料在纺织品领域奠定了坚实的基础。

公司在成立之初即成立了研究小组，通过高分子纺丝理论与企业现场实践等方式进行广泛的调研与研究，根据聚乳酸玻璃化温度低、熔点低、易降解、加工条件苛刻等的材料特性，结合涤纶生产线设备设计与配置以及纺丝原理，从纺丝螺杆挤出机、喷丝板等设备入手，结合纺丝工艺的设计与优化，自主进行技术创新，开发了三级阶梯式升温预热预结晶—连续干燥技术，设计并开发出高长径比、低粗糙度、浅螺槽挤出—S型熔体管过渡进料—微孔喷丝连续挤出前纺装备系统，开发了两级牵伸高速后纺新工艺，通过水分含量、牵伸倍数、取向度、结晶度等核心参数的控制，实现了聚乳酸短纤维的稳定生产运行。

项目技术成果经安徽工业经济联合会科技成果评价中心评价，技术水平处于国际领先地位。在技术创新过程中申报了《一种聚乳酸短纤维的制备方法》《一种聚乳酸有色短纤维的制备方法》《一种耐高温聚乳酸纤维的制备方法》等3项发明专利。参与制定了《聚乳酸丝织物》（F/Z T43057—2020）行业标准。

公司运用该技术于2017年7月建成了年产2000吨聚乳酸短纤维示范线，并先后开发了0.89～22.22分特实心与中空等各种规格聚乳酸本色与原液着色聚乳酸短纤维产品，产品指标可以达到行业标准《聚乳酸短纤维》（FZ/T 52041—2015）中的优等品水平，可以满足下游纺纱织造，以及无纺布、被胎等厂家的使用需求。目前该纤维产品已经应用于阳光集团、愉悦家纺、江阴华弘、濮阳玉润等企业的羊绒围巾、四件套、内衣、圆领衫、衬衫、袜子等纺织品开发。聚乳酸纤维入选《军民两用纤维材料与产品推介目录》（2020年度），并连续三年入选2020/2021年、2021/2022年和2022/2023年中国纤维流行趋势发布名录产品。

为了满足下游企业对聚乳酸短纤维量的需求，2020年8月，公司聚乳酸短纤维产能扩产至4000吨/年，为聚乳酸下游纺织品的开发与应用提供了量的保证。

◆ 突破聚乳酸长丝生产关键技术

长丝的生产相比短纤维而言难度更大，技术要求更高。在公司聚乳酸长丝的研制过程中遇到的最突出、最棘手的问题是参照涤纶长丝纺丝设备与工艺根本无法纺出聚乳酸长丝，或者勉强纺出的聚乳酸长丝强度不高、条干不好、粗细不均，根本无法用于布料的织造。为此，在范亚庆的带领下，公司在聚乳酸短纤维纺丝技术的基础上，针对如何能稳定纺制聚乳酸长丝且能够提高强度降低聚乳酸长丝的条干不匀率进行研究。

为尽快研发出合格的聚乳酸长丝产品，范亚庆鼓励研发人员要勇于创新，不墨守成规，敢于突破常规，勇于试错。最终，在这一研发机制的激励下，研发人员打破了涤纶长丝纺丝采用的侧吹风设备与纺丝工艺技术，开发出了低速双排环吹风冷却定型技术，设计并开发了短流程在线控制纺丝装置，通过水分含量、环吹风速与温湿度、取向度等核心参数的控制，实现了聚乳酸长丝的稳定生产运行。

项目技术成果经安徽工业经济联合会科技成果评价中心评价，技术水平国际领先。在技术创新过程中申报了《一种聚乳酸纺丝箱》《一种聚乳酸短纤维专业油剂及其配制方法》等2项发明专利。主持制定了《可水洗聚乳酸纤维/棉复合絮片》（T/CTCA 11—2020）团体标准。

公司运用该技术于2019年5月建成了年产200吨聚乳酸长丝示范线，并先后开发了83.33分特/72F～166.67分特/144F的聚乳酸POY与DTY本色和原液着色长丝产品，产品强度大幅提高，条干不匀率明显下降，参照《涤纶预取向丝》行业标准能够达到一等品及以上水平，可以满足下游面料开发与服装生产等厂家的使用需求。目前该长丝产品已经应用于阳光集团、特步集团、东渡集团、扬州纪元等企业的西服衬里、运动服饰、军队用体能服、冬奥会旗帜、牛仔裤等纺织品开发上。

为了满足下游企业对于聚乳酸长丝量的需求，2020年8月，公司聚乳酸长丝产能扩产至1000吨/年，为聚乳酸下游纺织品的开发与应用提供了量的保证。

◆ 烟用丝束项目提供原料保障

传统烟用丝束材料为二醋酸纤维，其是以醋片为原料经过溶液纺丝中的湿法纺丝工艺制得。但由于其存在降解时间长、污染水体等问题，欧美等国家使用聚乳酸薄膜开发复合嘴棒，并应用到新型加热不燃烧低温卷烟上，以减少传统烟用二醋酸丝束的使用，降低人们对于尼古丁等有害物质吸入的危害。由于欧美国家开发的复合聚乳酸嘴棒申请了专利保护，中国为应对传统烟用丝束存在的问题，在开发环保健康的新型卷烟需要开发新嘴棒时就必须避开欧美专利的保护。为此，国家多数烟草企业决定使用聚乳酸烟用丝束来开发新的嘴棒。

公司在成立之初在调研过程中即了解到此信息，当即决定上马聚乳酸烟用丝束项目，为我国的烟用行业向环保滤嘴与健康新型加热不燃烧低温卷烟产品转型提供原料保障。

鉴于聚乳酸材料特性与聚丙烯材料相似，并且聚丙烯烟用丝束已经应用于卷烟滤嘴，于是，公司通过分析研究，并借鉴聚丙烯烟用丝束生产设备及相关生产工艺，再结合聚乳酸材料特性，通过对传统卷曲机卷曲刀、轮结构与尺寸、配合方式的设计与调节开发了聚乳酸烟用丝束专用卷曲机。同时，根据聚乳酸材脆、韧性差的特性对后纺牵伸设备与工艺进行了优化，采用一道牵伸并添加热定型装置的方法，最终开发出了合格的聚乳酸烟用丝束产品。项目技术成果国内领先，成为湖北中烟卷烟材料厂聚乳酸烟用丝束供应商。

公司运用该技术于2017年8月建成了年产200吨聚乳酸烟用丝束示范线，并先后开发了适用于环保健康新型加热不燃烧低温卷烟和花烟的8.89Y22222分特、7.22O41100分特、10.00O38900分特和12.22O44400分特的聚乳酸烟用丝束产品，可以满足烟草企业的使用需求。目前该丝束产品已经应用于湖北中烟和三长花烟等企业开发的聚乳酸加热不燃烧低温卷烟和保健花烟产品上。

范亚庆的努力为公司的发展和壮大提供了强大的动力和支持。相信在他的领导下，丰原生物纤维公司一定能够不断取得更大的成绩。

让创新驱动汽车内饰高质量发展

上海汽车地毯总厂有限公司副总经理、总工程师　龚杜弟

龚杜弟自1985年上海汽车地毯厂建厂以来，从担任一名设备科电气电仪管理员到总工程师助理、副总工程师再到公司的总工程师，工作了近40个年头，目前任上海汽车地毯总厂有限公司（以下简称上海汽车地毯厂）副总经理、总工程师及上海申达股份有限公司（以下简称申达股份）技术总监。这40年来，他一

龚杜弟

直从事生产技术、产品开发、项目管理工作，独立设计、亲自主持和积极参与多项重大科研项目，由他主持的多项自主研发技术填补了汽车内饰行业的技术空白，为推进公司"创新驱动促发展，科技发展走高端"战略实施和中国汽车内饰发展作出了极大贡献。

他先后被评为上海纺织项目科技带头人、上海申达股份优秀党员、上海市职工科技创新标兵、国资委系统优秀共产党员、东方国际集团十大创新人物，及中国纺织技术带头人、中共上海市第十次党代会代表、上海工匠、中国纺织大工匠、上海市劳动模范、全国五一劳动奖章等称号。

◆ 新技术填补国内空白

2007年，为配套一汽大众速腾、迈腾轿车，需新增内饰SFS隔音毡新产品，要求采取填充法等密度工艺技术，而此产品在国内从未生产过，如果引进德国SFS生产设备则需大量资金，且供货时间不允许等待。为满足客户需要，提升产品能级，扩大一汽市场，龚杜弟亲自动手自行设计开发了新型的填充法等密度纤维隔音垫的自动线设备，从主机系统布局集成设计、纤维混合输送系统的设计、粉尘过滤系统设计

到最终的流水线总装集成等，苦战了几天几夜。设备装配完毕后，他又亲自带领大家一起调试，直至稳定设备工作状态。经过不懈努力，终于成功制造出国内第一条环保、低碳SFS成型设备生产线，不仅及时为公司解决了产能瓶颈，而且为公司节约了近3000万元的设备引进费用。

2008年，上海大众中高档轿车途观上马，其中一块行李箱地毯需用到新工艺制造，而该工艺全球仅有几家汽车内饰件供应商拥有，产品技术要求远远超出公司现有技术设备、工艺、材料。而这不足以使龚杜弟放弃，他和团队自行研发，通过信息收集、技术分析、试验试制、工艺流程分析和确定，成功开发设计出了国内首创的聚氨酯自动喷涂流水线，并采用气动翻转夹框来实现双面喷涂，取代进口，节省国家外汇，并提高了公司的自主创新能力。

2009年初，世界顶级轿车之一的宝马轿车在中国正式投入生产，当时他们在中国找不到能做5系车型植绒脚垫的供应商，为了拿下这个项目，龚杜弟和团队屡次攻关，进行了上百次尝试，耗资1000多万元开发费用，经过2年多的研发，在一块踏脚垫上应用了"筛网印刷"技术、超声波焊接技术，不仅满足静电植绒要求，还将尼龙搭扣与脚垫完美结合，提高了安全防滑性能。最终，顺利通过了宝马严苛的产品认证和质量体系认证，成功叩开高档汽车品牌的大门，引起了国内外同行极大的关注，也极大增强了上海汽车地毯总厂这一传统国有企业在业内的核心竞争力，最终上海汽车地毯厂成为宝马公司在中国唯一一家没有外资背景的供应商。

◆ 产品开发上的一个个里程碑

宝马脚垫项目启动后，龚杜弟作为该重点项目的负责人，查阅了大量相关技术资料，匠心独运地将"筛网印刷"技术应用到脚垫的刮胶设备上，自行设计出了刮胶装置及静电植绒装置，通过控制温湿度这一关键技术，解决了化纤产品静电性能不好的重大课题，达到了产品静电植绒要求，使整个项目在关键技术上取得了突破性进展，让国内外同行刮目相看。之后，为了提高脚垫的安全防滑性能，他又对维克罗与脚踏垫的完美结合，展开了几个不眠之夜的攻关，他创造性地运用超声波焊接技术，经过颠簸、摇晃等试验一举开发成功，获得了德国宝马公司全球副总裁的肯定。从一块脚垫开始，目前上海汽车地毯厂已经发展成为宝马主要的软内饰供应商。

2010～2012年，龚杜弟又投入宝马E84和F3X行李箱内饰件开发项目中，开发出了新型的三层淋膜材料，使得该原料制得的行李箱轮罩能达到高抗弯强度和在极端气候条件下具有极小的收缩率；开发出了面料复合热塑性玻纤毡加纸芯一步成型冲切工艺的产品；进行了深度储物槽防变形成型工艺研究，通过试验研究，解决了储物槽弯曲变形问题，满足形面公差要求。通过不断试验，最终制造出了符合宝马标准和要求的国产宝马行李箱内饰，产品质量远超德国和南非，获得德国宝马总部的高度赞扬。

2013年，他提出了将衣帽架玻纤毡回收利用的想法：全厂一年产生聚丙烯（PP）玻纤边角料达300吨左右，挡泥板产品每年实际产生的边角料约420吨，以往处理废边角料是通过焚烧或填埋，不仅不环保，而且要投入运输边角料的成本。因此，他想到了建立一套边角料粉碎系统以及循环利用系统来解决该问题。在他的设计和带领下，公司形成了一条年生产能力800吨的废边角料粉碎系统，建立了一套废纤铺撒装置以达到PP玻纤衣帽架废边角料的循环再利用。通过利用对废纤边角料的回收，不仅节省了资源，更重要的是对减少污染排放作出了积极的贡献。

2014～2015年，针对宝马F49衣帽架的边缘切口缺陷，他创新性地提出了将原先的"垂直剪切"收边技术改为"侧向挤切"新技术，模具通过采用特殊的切边结构，使得衣帽架边缘，面料与背面无纺布的结合口在产品边缘的内侧或断口面中心，从而达到产品外观上面料包覆的效果，这样就解决了原先存在的封边口有毛刺飞边等外观缺陷易造成划手的安全隐患问题。

2021年，宝马全新X5行李箱侧板开发难度极大，他引导项目团队通过自身的努力开发了一整套全新的工艺生产流程，其中的直接挤出模压复合技术为国内首次实现，该技术相较于国内传统工艺低压注塑工艺，大大节约了设备和模具成本，产品质量也远好于低压注塑工艺的产品质量。并且该技术市场前景广阔，在国内高档汽车市场潜力巨大。该产品已于2022年5月进入批量生产，该项目的成功研发是公司在产品开发上的又一个新的里程碑。

◆ 做不断创新的"领头羊"

2011年公司成立了"龚杜弟劳模创新工作室"，2013年获得市级劳模创新工作室称号，十几年来，通过劳模带教、师徒结对等方式培养年轻人才。龚杜弟作为东华大学和上海工程技术大学等高校的校外导师，也抽出时间给实习研究生悉心的教导和知识传授。他注重与高校的校企联合开发，致力推进产学研工作，促进公司与高校建立研究生实习基地，曾主持过几个与高校联合开发的项目，如与东华大学共同进行的"航空、汽车、轨道交通内饰纺织品功能性共性技术研究及其产品开发"项目的研发等。

2021年，申达股份在安亭建成了具有国际一流水准的汽车纺织复合材料研发平台，瞄准全球领先的汽车声学和纺织复合材料研发，满足众多车企特别是对新能源汽车的创新需求。他作为创新研发负责人，带领团队在再生聚氨酯吸音部件制造技术、超临界发泡复合成型技术、智能发热材料技术等十余项技术上突破难点。针对满足新能源车绿色、环保、无气味和挥发性有机化合物（VOC）排放、轻量化、增加续航里程以及车辆报废后产品可以100%回用等不同需求研发相关关键技术，其中多项技术都是全球首创。当前，在汽车新能源化、绿色环保化的新浪潮中，唯有加快电动车零部件新技术、轻量化技术的创新研发，才能引领绿色低碳新时尚。

党的二十大报告提出要构建新能源、新材料、高端装备、绿色环保等一批新的增长引擎。作为一名专注新技术、新工艺、新材料的产业用纺织品从业者，龚杜弟认为未来只有抓住机遇、踔厉奋发，做不断创新的"领头羊"，才能让创新驱动企业和汽车内饰行业的高质量发展，带领行业完成从"中国制造"到"中国智造"的华丽转身，不断满足人民群众对高品质生活的美好期待。

写好培养高素质复合创新型人才精彩答卷

常州纺织服装职业技术学院纺织学院院长　郭雪峰

常州纺织服装职业技术学院纺织学院院长郭雪峰深耕纺织行业18年，孜孜以求致力于服务纺织产业发展与人才培养，以"纺织+"为抓手，围绕纺织行业规划，聚焦纺织新材料开发、数字化智能化纺织生产管理、产业用纺织品制造、绿色生态染整生产、纺织品在线检测、纺织新媒体营销等领域，在专业育人、科学研究、行业发展等方面做专、做优、做强，为纺织行业输送了大批高技术技能型优秀人才。

郭雪峰

◆ 以生为本　身正为范　贯彻立德树人

郭雪峰始终将"身正为范、以生为本、立德树人"作为教书育人的第一标准，以德技并修、服务学生发展为首要任务，先后被评为"常州市优秀女知联""巾帼文明标兵""优秀班主任""工会积极分子"等，努力成为引领、示范、指导、辐射的师德师风建设典范。

郭雪峰构建思政与技能融合的培养理念，打造"思政课程"与"课程思政"新格局，全面推进"三全育人"，实现思想政治教育与技术技能培养融合统一。在课程标准制订、人才培养方案实施中融入思想政治教育、工匠精神、纺织文化、美育元素等，开发示范思政课程和课程思政案例。

一个党员就是一面旗帜，郭雪峰认真践行"在一岗、爱一岗"，作为三尺讲台上的授业者、科研道路上的攀登者、行业发展路上的追求者，潜心教学科研、筑建巾帼匠心，以实际行动践行一名共产党员为党育人、为国育才的初心使命。以点带面在一定范围内形成"以德施教、以德立身、学高为师、德高为范"的良好治学氛围。

◆ 德技并修　教改先行　人才培养创新

郭雪峰专业方向明确，专业技能扎实，十分注重教学质量的提高和教学规律的探索。"面料起毛起球性测定"获得了全国高校微课教学比赛优秀奖，江苏省高校微课大赛一等奖。她探索学习课程转型升级、课程在线资源库建设、智慧课堂等课改方向，积极参与纺织品设计专业5门专业核心课程的建设与转型升级工作，围绕"一门课程、一本教材、一套方法"的系列化精品理念，积极探索三教改革创新路径，注重课程的信息化建设，打造"金课堂"，主讲课程"织物性能与评价"被认定为校"十四五"在线开放课程，主编江苏省高等学校重点教材《纺织面料性能与检测技术》、纺织服装类"十四五"部委级规划教材。

以现代学徒制、产教深融的实践教学体系改革为突破口，郭雪峰推进课程、教学方法、教材等内容的变革。参与团队申报获得中纺联教学成果奖一等奖2项、二等奖2项、三等奖1项；主持江苏省高校哲学社会科学研究基金项目1项、常州大学高等职业教育研究院研究项目1项，发表相关教学研究论文5篇。企业项目实战化，指导学生申报省级实践创新训练项目2项；指导学生毕业论文获得省优秀毕业论文三等奖和团队奖；指导学生参加各级各类技能大赛、创新创业比赛获奖10余项。

依托现代纺织技术、纺织品设计、数字化染整技术建成的省级高水平专业群，郭雪峰对标国家级专业建设目标，形成专业集群发展效应。以纺织品检验与贸易专业为"质量之眼"的特色优势，形成对集群专业的支撑发展效应。以环境工程技术、高分子材料智能制造技术、药品生产技术为亮点的服务战略性新兴产业，形成对集群专业的驱动发展效应，构建"三集群、一支撑、三驱动"的专业布局模式，结合五大发展理念，各专业相得益彰、特色鲜明、联系紧密，确立了与区域产业相适应的高端纺织新产品和新技术的需求定位。

郭雪峰坚持"绿色、时尚、科技"创新发展，服务区域紧缺人才培养，与连云港鹰游纺机集团有限公司等碳纤维领域龙头企业深度融合，以高分子材料智能制造技术专业为核心，纺织品设计、纺织品检验与贸易与模具设计与制造专业为支撑，制定现场工程师联合人才培养项目实施规范、评价标准，实施专业教育教学改革，培养从事碳纤维产业链生产、设计、检测、装备的现场工程师，为碳纤维产业输送复合型技术技能人才，形成人才培养示范效应，引领教学改革。

◆ 多元协同　校企同频　助阵科研反哺

郭雪峰研究态度严谨，研究方向明确，研究内容统一，研究成效明显。以功能性纤维材料合成与制品开发为主要研究方向，先后主持国家博士后基金项目、江苏省博士后基金项目A类、江苏省科技厅自然科学基金面上项目、江苏省"333工程"科研资助项目、江苏省高校哲学社会科学研究基金项目、江苏省科技厅产学研合作项目等国家、省、市级纵向课题10余项；在国际期刊发表SCI、核心等论文30余篇；授权专利4项；与江苏捷锋纺织科技有限公司合作开展"高效抗菌防护制品的研发"等横向课题，累积到账100余万元，获得各级各类学术奖励20余项。

郭雪峰秉承"回报社会、理论实践相融合"的理念，在常州市多维复合材料科技有限公司、泗阳捷锋帽业有限公司等企业生产一线挂职实践，参与企业的调研、新产品开发、申报专利、商标注册等工作。利用发光纤维多光色调控技术开发的发光机织面料、刺绣装饰品等，使用效果良好，提高了发光产品亮度、余辉时间等指标，增加了不同光色的新品种，取得了良好的经济效益和社会效益。

◆ 育训并举　五方联动　秉启传承责任

郭雪峰架起"政校企行家"育人连心桥，五方合力打造纺织职教新品牌。充分利用各级纺织行业学会、协会的丰富资源，联动政府、龙头企业，与学校、家长主导，搭建"三全"育人连心桥，五方合力在高素质人才培养、纺织行业创新驱动、学校高质量发展等方面打造新局面、新名片、新品牌。组织承办了全国检验检测高级研修班、长三角碳纤维新材料产业发展高端研讨会、高端纺织智能制造装备应用技术培训等，助力完成中国科学技术协会NQI技术服务团项目，获得"科创中国"常州科技服务站、中国纺织工程学会科学家精神基地、中国检验检测学会科普基地等授牌。她组织召开"科技赋能、智造融合"现代纺织产业创新发展战略研讨暨纺织学院专业建设研讨会、苏锡常高校产学研合作创新平台启动暨创新赋能纺织高质量发展大会，同时与旷达集团共建常州市"特种功能纺织品产业学院"。组织承接江苏省技能人才评价技术资源重点开发项目多项，学校获批江苏省纺织工业协会授牌的首批纺织职业技能等级认定考点（常州）；为恒力集团、江苏天鸟高新技术股份有限公司等企业开展企业学徒制织布工培训、高级技师培训等社会服务，面向行业企业开展的"纤维鉴别与面料分析"培训获得广泛赞誉。

郭雪峰积极拓展国际视野，先后在美国北卡罗来纳州立大学做访问学者，从事静电熔融纺丝技术的研究，参加日本智能和舒适纺织品国际研讨会等多个学术会议。为进一步弘扬纺织科技创新与非遗传统文化，组织建设了常州纺织科技文化馆，融入党建引领、工匠精神、专创教育，成为展现学校形象、专业科普、行业发展趋势、科技变革的重要窗口，现为江苏省中小学生职业体验中心、常州市中小学生职业体验中心。

　　作为一名教育工作者，郭雪峰在纺织强国建设进程中致力于服务纺织行业高质量发展，以深入学习贯彻习近平新时代中国特色社会主义思想推动纺织行业现代化产业体系建设及与之吻合的人才培养体系。她积极探索中国职业教育服务中国式现代化发展的中国式职业教育现代化的内涵与实施路径，着眼于教育、科技、人才齐头并进，以党的创新理论赋能人才自主培养，在培养高素质复合创新型人才的具体实践中奋力写好精彩答卷。

不断创新　勇攀纺织新顶峰

广东德美精细化工集团股份有限公司副总经理　黄尚东

广东德美精细化工集团股份有限公司（以下简称德美化工）成立于1989年，总部位于佛山顺德容桂，是一家以创新研发、生产、销售纺织印染助剂为主业的国家级高新技术企业。公司于2006年在深圳证券交易所上市。2022年主营业务收入达32.53亿元，总资产75亿元，研发经费投入约1.08亿元。

创业30余年来，公司始终坚持以技术研发立企，在产品技术的创新研发方

黄尚东

面持续高投入，让公司在技术上始终领先同行。公司自主开发匀染剂、固色剂、有机硅、防水剂等系列纺织化学品，先后被认定为广东省级重点新产品及国家级重点新产品。

黄尚东自2006年加入德美化工以来，深耕纺织印染助剂产品的开发，组建了一支高学历、高素质及高水平的研发队伍，主要围绕如何提高纺织品附加值、如何实现印染行业节能减排、如何提高助剂加工企业经济效益等方面展开研究工作，先后为公司开发、研制新产品达2000多个，这些新产品投放市场后，得到下游客户的一致好评，为公司的经济效益稳定和提高起到了关键性的作用。

◆ 科研创新不断　稳定企业经济效益

基于人类的健康需求、国家的双碳目标以及环境友好型纺织化学品的研究现状，黄尚东带领团队开展了纺织品前处理高效短流程工艺及配套化学品、酸性固色剂无醛化关键技术、纺织品拒水功能整理无氟化关键技术和耐水洗纺织化学品交联低温化关键技术研究。

他搭建了防水技术平台，提升印染行业防水整体技术水平，整合内部资源，实

现一体化运作，开发高水平的环保防水剂，替代进口，引领行业发展。由黄尚东主导开发的环保型防水剂项目先后获得2017年广东省重点研发计划项目及2022年顺德区重大核心攻关项目立项，相关项目技术近3年已获得授权且有效的发明专利4件，经业内专家团队评价，整体技术达到国际先进水平，已在全国范围内成功应用，提升了我国相关行业的国际竞争力和影响力。

防水平台经中国纺织工业联合会认定为"全国防水技术研发中心"，"环保防水剂"项目荣获2021年度中国石油和化学工业协会科技进步奖一等奖，"长效柔软型无氟防水剂"项目获2022年度广东省科技进步二等奖。

基于纺织行业"科技、时尚、绿色"的高质量发展的需求，针对新型纤维和织物、整理新技术和新功能等需求新趋向开展相配套的新型纺织化学品研究，黄尚东率领研发团队构思前瞻性布局，引领行业发展，包括莱赛尔纤维（Lyocell）用新型纺织化学品的开发及应用研究、基于新型整理技术的纺织化学品开发及应用研究、抗菌与消臭功能纺织化学品的开发及应用研究。

莱赛尔纤维是21世纪最具发展前景的绿色纤维。"十四五"期间，纺织行业将"纤维新材料持续创新升级"列为五大重点工程之首，莱赛尔纤维专用浆粕、溶剂、交联剂和差别化莱赛尔纤维关键技术突破是行业"十四五"期间重点发展任务之一。其具有优良的性能，但原纤化问题给莱赛尔纤维的推广应用和染整加工带来不少限制。针对上述问题，黄尚东带领团队夜以继日，对核心技术进行攻关，开展研究工作。

他从莱赛尔纤维自身轴向取向度高、微原纤间横向结合力较弱、湿态下纤维间脆弱的氢键被水取代等本质原因出发，采用性能优越、效果明显的交联剂对纤维进行交联处理，交联剂中的活性基团能够与纤维素中的羟基反应，增强纤维内部的横向作用力。同时研究新型复合无醛交联剂及其处理技术，对交联剂的官能度、耐酸碱性、水溶性和直接性进行交叉设计并开展合成实验与应用试验，系统地研究不同交联剂对莱赛尔纤维原纤化的影响规律，并详细探讨交联反应机理，开发出了提高莱赛尔纤维抗原纤化性能的纺织化学品及最优工艺。

通过深入研究，黄尚东开发出了高效的莱赛尔纤维原纤化解决方案，适合于散纤、筒子纱染色、浸染、轧染蒸等多种染色工艺，交联效果好，耐洗性好，且不影响剥色返修，布面不含甲醛，符合环保要求，该解决方案正在行业内推广，获得较多好评。

◆ 推进公司品牌建设　提升国际影响力

黄尚东在公司搭建了公平、公正、公开的工作环境，制订实施《人才培养与人才梯队建设管理办法》《内部竞聘管理流程及方案》，建立不同层级的储备干部培养计划，注重职业发展规划，鼓励公开竞聘与竞争。建立了研发人员培养模型，通过一系列的内外部培训，提升技术人员的科研能力，承担科研人员责任，提升专业能力和个人素质。除此之外，还与国内外高校建立人才合作关系，为公司培养专业人才。同时积极引进国内外同行业优秀人才，保持人才储备方面处于同行业领先地位。广东德美精细化工集团股份有限公司德美化工研究院于2020年荣获全国石油和化学工业先进集体荣誉称号。

作为德美化工公司高级管理人员——纺化事业部总经理，黄尚东深知品牌的重要性，积极组织及推进公司品牌建设，围绕公司战略、愿景，带领事业部团队，积极开展品牌建设。

成立品牌合作部。设立兼具B端和C端功能的品牌合作部。与B端基地企业合作，全面提升公司服务水平，开发区域标杆客户，以提升所在地区的明星示范效应，提高品牌知名度。针对各区域有影响力的标杆客户实现VIP服务，提高标杆客户的认可度和忠诚度，从而利用标杆客户的影响力辐射周边企业，吸引更多的中小客户。与C端快时尚品牌合作，打造联合试验室，引领行业科技创新，同时也为B端客户带来订单，增加客户忠诚度。

建立自媒体矩阵。通过微信公众号、微信视频号、知乎、抖音、快手、哔站、百度号等平台建立自媒体矩阵，每周视频号推送内容，进行品牌推广，提高品牌的知名度。

提升美誉度。主动做有社会责任的企业。提前不断为产品升级创新，为客户带来品牌溢价且为出口带来便利。企业自2010年就开始做产品的碳足迹认证（英国），着手减少温室气体排放；2016年做蓝标产品认证（瑞士），保证整个供应链的环保；还是2022年中国首例获Oeko-Tex（德国）认可的纺织品抗菌剂，抗菌剂通过广微测AAA认证，行业内唯一国家认定企业技术中心，唯一国家纺织助剂产品开发基地，提供德美纺织品功能吊牌，为客户提升品牌效应。

提升国际影响力。根据国际惯例及国外终端用户对产品质量、性能的要求，公司投入很大资源进行产品国际认证。先后取得了各类适合国际产品准入市场的认证（如Bluesign、GOTS、Eco Passport等），提升了公司产品的国际竞争力。

提升品牌忠诚度。努力加强公司高层间的联系，增强企业文化认可，与顾客建立战略合作联盟，构建利益共同体。常规性地组织针对生产工艺和产品的各类专业培训，邀请已有客户和潜在客户参加，通过培训更好地介绍德美的专业程度，展现技术实力，巩固现有客户和发掘潜在客户。对潜在性顾客，邀请其到公司，通过考察德美防水平台等国家认证机构，体验德美的管理、企业文化及技术力量，增强顾客信心。

　　黄尚东不忘初心、牢记使命，虽然技术及管理上日臻成熟，但他并不满足现状，深知要使自己更好地奉献社会、创造更高价值，必须不断充电，提升自己。因此工作闲暇他总是坚持学习，经常翻阅大量纺织报纸、杂志及学术论文，猎取国内外纺织信息，拓宽思路，为不断创新产品，勇攀纺织新顶峰打下扎实的根基。

人格魅力成就辉煌人生

榆林市红柳制衣有限公司董事长　纪素梅

人们常说智慧的女人是金子，气质的女人是钻石，聪明的女人是宝藏，可爱的女人是名画。榆林市红柳制衣有限公司（以下简称红柳制衣公司）董事长兼总经理纪素梅用自己的不懈努力证明了这一点。

纪素梅

◆ 用努力与知识走好创业之路

2003年是她人生的重大转折点，在经过了自由职业生涯的历练后，纪素梅加入当时已经被陕西省工商行政管理局授予陕西明星私营企业的红柳制衣公司，成为一名销售人员，真正踏上了其不平凡的创业之路。

纪素梅刻苦钻研，努力学习，掌握业务知识，深入研究市场动态，不断提高业务技能。她起早贪黑、废寝忘食，在河北省打开了属于自己的销售市场。历经七八年的辛勤努力，使红柳羊毛防寒品牌在当地市场家喻户晓，销售业绩逐年扩大攀升，经济收入和资金实力稳固提高，于人生之路上淘到了第一桶金。

纪素梅在销售业绩上取得巨大成就后，不断总结经验、潜心钻研、考察市场需求和变化，经常给公司技术研发部门提出合理化改进方案和设计思路，2013年、2015年、2019年三次荣获公司的"最佳研发奖""研发新秀"等荣誉称号。自2013年起担任公司副总经理兼原材料采购部和产品设计研发部主管负责人后，她更加严格要求自己，刻苦学习和钻研原辅材料方面的业务知识，请教有多年生产管理经验的老厂长和设计师，掌握大量的服装生产、原料采购方面的知识，同时深入上游原辅材料市场调查研究市场新动态、流行趋势，向原辅材料厂家提出大胆合理并符合市场流行趋势的建设性意见，受到了许多原材料厂家的好评和尊重，更加稳固了公司和上游供应商家的合作关系。2020年，她获得了原材料商家颁发的"天竹联盟研发奖"。

2013年是红柳制衣公司成立以来再创辉煌的关键一年。这一年，红柳制衣公司重新组建为股份制公司，对资金、人员进行了重组，管理能力和资金实力有了较大的提升。纪素梅大胆投资，成为公司的大股东之一，同时担起了副总和研发产品、采购原材料之责，经过她和其他股东们的携手努力，公司的生产、经营管理和销售市场、产品质量、经营效益、公司形象在榆林同行业和销售市场上又有了很大的提高。2016年，公司获得榆林市中小企业促进局授予的"先进企业"和市工业信息化局授予的"榆林市羊毛绒产业新锐五强企业"称号。

2020年5月，纪素梅成为公司董事长兼总经理，她觉得肩上的责任更加重大了，一个二十几年、在榆林几经起伏的民营企业，其今后的发展兴旺、100多名员工的生活生存都压在她肩上。对此，她早有思想准备，积极报考了西安交大成人工商管理学习班进修学习，并以优异的成绩毕业，取得大专文凭。她还考取了工艺师技术职称。只要是对自己业务素质和理论有帮助的各类学习培训班，她都报名参加，不断地用知识充实自己的头脑，提高自己的认知和管理水平。

◆ 永远跟党走　勇担社会责任

作为公司的一把手，她始终保持着清醒的头脑，既抓生产质量也不忘公司党建工作和企业文化建设，近年来，红柳制衣公司在她的领导下，企业内部从未发生过员工劳资问题与生产经营之间的矛盾。2009年，红柳制衣公司获得榆阳区总工会授予的"劳动关系和谐企业"称号，同年又获得陕西省纺织协会和中国纺织工业联合会授予的"全国纺织劳动关系和谐企业"殊荣。

她注重企业管理，更重视企业的产品质量和科技创新，近年来，在她的领导下和全体人员的共同努力下，公司不断引进专业技术人才，投资安装先进的智能化电脑、生产流水线，使公司的生产技术设备在当地处于一流水平，大大提高了生产效益，多次荣获"陕西著名商标""陕西重质量守信誉先进单位"称号等，2019~2022年分别获得榆林市经济效益先进企业和科技创新先进集体称号，这些殊荣的获得，离不开纪素梅的辛勤工作，企业的荣誉更加激发了全体员工的自豪感和使命担当。

积极参与社会的扶贫帮困和慈善献爱心活动，也是红柳人的义务和善举。近年来，纪素梅多次参与捐赠和各类帮扶活动，选择上盐湾林家沟村作为帮扶对象，从2019年到2022年五次参与捐修、捐赠、帮扶、以购代筹活动，折合人民币8万余元。2021年10月，当得知榆林市特殊教育学校的许多残疾学生过冬缺少防寒裤后，她通过公司党支部与该校负责人联系，为120余名残疾儿童量身选挑了26000元的羊毛防寒裤，送去了红柳人的爱心和温暖。

近年来，党和政府的支持关怀推动着红柳制衣公司不断健康发展，特别是自公司2022年重建党支部以来，党建领航更有力地推动公司各项工作前行。纪素梅深刻认识到党组织引领作用对于民营企业的重要性，2020年5月，她主动向党组织靠拢，向党支部递交了入党申请书，主动接受党的培养教育，更加努力不断地学习党的知识和路线方针政策，用政治思想觉悟的提高和党的理论知识武装自己的头脑。同时，她将公司的各项经济管理活动、企业职工的文化活动与党建活动从形式和内容上挂钩，鲜明地摆正了政治站位，从而在思想上和行动上与党中央保持一致，有力地推动了红柳制衣公司的党建工作。在她自身的努力和组织的培养教育下，2021年12月，榆林市榆阳区委组织部两新组织党工委批准她成为一名中共预备党员。同时，在她的积极配合下，公司的党建工作深入人心，一大批骨干员工也积极提交入党申请书，向党组织靠拢。2020年、2021年党的生日时，红柳制衣公司被金沙路街道党工委和榆阳高新产业园区党工委评为"先进党支部"，2021年又被中国纺织工业联合会授予"全国纺织行业党建工作先进单位"。

纪素梅虽然还很年轻，但她在本行业业务方面已经是一位久经沙场的老将了，她始终认为自己是一滴水，只有融入大海才能不断汹涌澎湃，个人的荣誉和公司取得的各项殊荣都离不开党组织的培养教育和全体员工的关心爱戴、努力协助。她感恩党，决心永远跟党走，不断地学习进步，继续带领公司全体员工再创辉煌。

积极探索教学内容与方法改革

广州美术学院教师、广美·源志诚织物设计工作室主管　金英爱

金英爱身为广州美术学院工业设计学院染织艺术设计系织物设计与工程教研中心负责人、工业设计学院教工第二党支部书记，时刻以优秀党员标准严格要求自己，认真贯彻党的教育方针政策，热爱教育事业，为人师表，在教学中以国家战略和社会需求为导向，深入开展校企合作、艺工融合，培养纺织行业创新型人才。她善于将专业教学与思政相结合，具有较强的社会责任感，以为国家培养优秀的纺织面料设计师为己任，坚持理论与实践相结合的教学方向，积极探索教学内容与方法的改革，在人才培养方面取得优异成绩。

金英爱

◆ 培养复合型设计人才

金英爱作为织物设计与工程教研中心的负责人，通过深入调研，建立起了完善的培养方案，明确了培养目标，即将科技、艺术与设计相融合，通过校企合作、校企融合、产学研相结合的教学模式，面向纺织行业，在设计实践中培养既具有艺术设计专业技能，又具有纺织工程知识、创新设计理论及实践能力的复合型纺织面料创新设计及应用人才。

金英爱坚信设计的引领作用，坚持在设计实践中培养人才。自2007年12月与广州市源志诚家纺有限公司建立合作关系，成立了广美·源志诚织物设计工作室，开展设计实践项目。2014年确立了校级广美·源志诚织物设计实践教学基地，2017年5月确立广州市源志诚家纺有限公司为广州美术学院就业实习基地；2021年11月确立了广美·源志诚产教融合实践教学基地。在教学中实施校企融合、产学研相结合的教学模式，将产品开发项目融入教学中，并利用课余时间组织师生在广美·源志诚织物设计工作室参加产品开发设计实践，通过设计实践为行业培养纺织面料设计师。由于在教学中注重理论与实践的结合，学生兼备艺术设计与纺织工程技术，既具备

织物设计实践能力又具备市场观念，有利于织物面料的创新，因此受到行业欢迎。毕业生就职于广汽、比亚迪、华为等企业，先后有15位入职广州市源志诚家纺有限公司设计研发中心，公司现有的纺织面料设计师100%毕业于广州美术学院工业设计学院染织艺术设计系织物设计与工程教研中心，中心为企业源源不断培养纺织面料设计人才作出了贡献。

◆ 提高织物原创设计水平

她具有较强的社会服务意识，在担任广美·源志诚织物设计工作室负责人期间，组织专业教师、研究生、本科生承担企业的设计研究与新产品研发项目，2007年12月承担了企业课题提花装饰织物设计研究与开发，通过艺术与科技融合、跨界创新，设计开发提花新产品752款，被企业采纳并量产，其中215款为自主研发。2013～2020年，有32款提花织物被评为中国家用纺织品流行趋势面料，10款在全国新产品评比中获奖，其中有4款被评为2017年、2018年、2020年、2022年纺织十大类创新产品奖。

借广州美术学院毕业设计及毕业作品展契机，提高织物设计的原创设计水平。织物设计与工程教研中心学生毕业设计要求是：面向产业，彰显时代精神；关注情感，体现人文关怀；关注生活，满足用户的需求；关注新体验、新材料、新技术；关注新功能。探索织物原创设计思想与方法：再现新创意、新思想、新思维；选题要有实际意义、实用价值，又要具有前瞻性。设计要求的提出，提升了毕业设计的专业性、实用性和商业价值。2015～2023年，由于在设计思维、设计表达、新材料应用、结构创新及应用上成绩突出，织物设计与工程教研中心有67位同学在源志诚织物面料设计大赛中获奖，在企业科技创新、增加新品种、落实创新驱动发展战略、品牌升级等方面发挥了积极作用。

在担任广州市源志诚家纺有限公司技术顾问期间，她利用课余时间在公司设计研发中心参加新员工培训、新产品研发工作，解决了设计研发和生产中的技术难题。2016年解决了双面全异提花织物设计的组织设计难点；2017年解决了12重纬织物组织结构设计的难题；2017年突破了纹织计算机辅助设计（CAD）及电子提花机的限制，设计出巨幅提花织物，尺寸4.4米×12米；2019年成功解决了立体织物结构不稳定的问题；2021年实现了用双把吊提花机织造独幅渐变提花织物；2022年解决了低紧度机织物容易纰裂的问题和裁剪后容易散边的问题。在实践创新的同时，她善于理论创新，将实践经验总结撰写成论文并发表，促进了织物设计思想的传播，推动、引领着行业的发展。《校企融合是培养纺织面料设计师的有效途径》发表于

《2016年全国纺织品设计大赛暨国际理论研讨会论文集》,《经纬向张力对纹织物设计的影响》发表于《上海纺织科技》,《显形设计与隐形设计——纹织物的意匠图设计研究》发表于《美术学报》,《时尚家纺产品设计研究与开发实践》发表于《纺织导报》,《设计表达——纹织物纹样设计研究与应用实践》发表于《中文科技期刊数据库(全文版)社会科学》。

金英爱主导下的校企合作实现了人才培养的无缝链接,大大加快了科研和产业化进程,实现了科研、设计成果的实时转化,为企业升级、行业发展、推动纺织高质量发展作出突出贡献。

以"做世界的三枪"为奋斗目标

上海龙头（集团）股份有限公司技术总监　李天剑

李天剑始终践行"干事业不能做样子，必须脚踏实地，抓工作落实要以上率下、真抓实干"。

从中国纺织大学（现东华大学）纺织工程二系针织工程专业毕业后，李天剑进入上海针织九厂工作，他从基层做起，一步一个脚印，伴随着企业的壮大，自己也在锻炼中成长。从技术科科员、技术中心主任，到经理，直到现在担任上海龙头（集团）股份有限公司技

李天剑

术总监、供应链事业部总经理，他始终围绕"爱国、第一、时尚、健康"的品牌文化，坚持"推出一代、储备一代、研发一代"设计理念，以"做世界的三枪"为奋斗目标，带领科研人员及技术中心人员对接新纺织技术、面料开发与生产制造的转化等不同领域不断深入研发，不断完善、优化产品特性，做优、做强民族品牌"三枪"，使三枪的产品在行业竞争中始终处于领先地位。

◆ 新科技运用于新品研发　助力产品跻身市场前列

在三枪产品研发创新方面，由李天剑牵头，每年根据品牌的新一轮发展研发立项，与时俱进应用新原料、研发新技术，针对三枪传统特色面料进行品质提升和开发，整体提升三枪品牌绒类针织内衣的品质，确保三枪品牌针织内衣不仅技术上站在该领域的前列，还在产品领域保持名列前茅。李天剑主持参与的"多层状结构单向导湿干爽竹纤维织物""高密柔软纬编产品关键技术及产业化""新型舒肤弹力绒针织内衣面料关键技术及产业化"等省市级、东方项目，拓展了三枪牌针织服装的市场，具有很好的经济、社会效益，成果达到了国际先进水平。

"多层状结构单向导湿干爽竹纤维织物"是以高新技术提升和改造传统纺织产

业，基于针织运动内衣面料开发的单向导湿织物，目前项目产品已经进入产业化阶段，并获得上海市高新技术成果转化项目认定。

"高密柔软纬编产品关键技术及产业化"项目，属于省部级科技攻关项目，有效解决了高密棉针织物由于结构紧密造成的手感硬、柔软透气性差、滑爽舒适性差以及轻薄织物保暖性差等问题，提升了产品的质量、档次和附加值。该技术研发的120S 紧密纺长绒棉纱线、100S 长绒棉/细旦莫代尔（50/50）混纺纱等一批高品质纱线，已被产业化应用于"三枪"高密"匠心"针织服装，成品比常规产品更为轻薄细密而富有新意，且柔软透气、舒适，深受市场欢迎。该项目不仅拓展了三枪牌针织服装的市场，取得了极好的经济和社会效益，更促进了纺织和服装行业及相关产业的科技进步，获得了中国纺织工业联合会科技进步奖二等奖等荣誉。

李天剑主持的研发工作获有发明专利3项，实用新型专利22项，外观专利42项，其中发明专利获得第31届上海市优秀发明银奖、中国纺织工业联合会专利奖银奖。他先后参与制定行业标准3项，团体标准多项。为表彰他在技术研发领域的贡献，2023年被东方国际集团评为"优秀科技创新人物"。

◆ 新技术服务品牌形象　助力经营管理能级提升

作为企业负责人之一，李天剑发挥自己的才智，支持和开发新技术，在多个品牌建设项目中作出贡献。他参与主持的"魔镜试衣4.0系统关键技术研发及产业化""基于工业互联网的服装全产业链精准协同创新体系""三枪品牌新零售背景下智慧门店的建设项目"等项目，既是结合信息化、运用新技术助力企业经营管理能级提升的突破，也是他持续学习能力的体现。

"魔镜试衣4.0系统关键技术研发及产业化"是中国纺织工业联合会（省部级）科技攻关项目，项目研制和生产出真人形象、可商业规模化的虚拟试衣镜，开发了集体验、销售、会员、营销为一体的系统，以硬件为抓手实现虚拟试衣，打通了线上线下全渠道新零售模式，并进行全国范围内的推广运营。项目在三枪、海螺、上海地标性场所等不同渠道应用，包括钓鱼台国宾馆、贵州省遵义市扶贫流动车等，展示了民族品牌新形象，取得了良好的社会效益。

"基于工业互联网的服装全产业链精准协同创新体系"属上海市经济和信息化委员会主持的上海市工业互联网创新发展专项项目。项目围绕工业互联网在上海纺织服装都市产业链中的应用协同模式展开研究，探索网络化协同、服务化延伸、个性化定制、智能化生产四种协同创新模式的示范应用。

"三枪品牌新零售背景下智慧门店的建设项目"属东方国际科技创新项目。将项目成果转化为生产力，形成了规模化的生产线和三枪品牌产品新的增长点，提高了经济效益，促进了大都市针织类传统企业在现代化进程中的可持续发展。

李天剑在开展相关技术创新项目和参与标准研究及制定工作中，以专心致志、精益求精的工作精神全身心投入，他不仅和技术人员一起解决技术上的难关，还同合作方、上下游企业、横向部门等环节进行协调，更鼓励基层研发人员的积极性，不断通过实践培养和加强龙头股份科技人员的队伍建设。新颖的品牌展示形式和先进的管理方式，提升了公司的市场竞争能力，也为公司创造了客观的经济和良好的社会效应。

◆ 新使命建设新基地　助力三枪制造业转型升级

2017年，上海市环保要求升级，公司制造业面临外迁异地，公司慎重选址，经过调研、可行性分析和项目评估，准备将三枪的生产设备整体搬迁至江苏大丰。作为公司制造业的主要负责人，李天剑兼任起搬迁项目的筹建工作。

2018年大丰生产基地建设搬迁项目启动，新工厂占地面积93亩（62000平方米），总投资1.57亿元，以"打造一流的智能制造基地，做世界的三枪"为目标，围绕打造智能化工厂，在基础建设、环保投入、设备管理、产品定位等方面均以高标准进行设计。在原有设备安装的基础上，引入高效织机、韩国低浴比染色机、新型直燃型拉幅定型机等，并搭建制造执行系统（MES），实现了产能升级和坯布生产管理过程的现代化，为"做世界的三枪"奠定基础。

从搬迁到投产，李天剑一心扑在基地建设上，以忘我的工作精神保证了搬迁工作的有序开展。厂房建设时、设备搬迁时、安装调试时，无论早晚，现场都有他的身影。搬迁完成后，为了早日出效益，生产管理上通过智能化实现生产数据清晰、准确、实时，生产安排井井有条，问题反馈及时、现场调度得当。在产品质量方面，坚持产品质量对标行业领先水平，既要满足多订单、多品种管理的要求，还要满足快速翻单的要求，不断提高技术水平，从而具有了领先的开发新品面料的能力。

李天剑在大丰生产基地建设中做了大量基础性、开创性的工作。他在整体规划、传统制造业的数字化转型和升级方面，推进纺织制造业与信息服务业深度融合，以提高企业生产效率为重点，调整优化制造流程，发展基于互联网的协同制造新模式，实现了从"制造"向"智造"的转型。

◆ 新任务中义无反顾　助力企业承担社会责任

三枪集团是传统国有企业，骨子里有着"国家需要、人民需要，三枪必定全力以赴"的使命感。三枪曾经在非典流行时，卸下安装在设备上的产品转产口罩。2020年，当新冠疫情肆虐时，三枪又一次担起防疫物资生产的使命。李天剑也又一次面临艰巨的考验。

当时正值春节假期前夕，李天剑和公司领导班子其他成员一起无条件取消休假，全身心地投入防控新型冠状病毒疫情的一线战斗中。公司迅速成立了9支防疫工作突击战斗队伍，李天剑负责其中一路口罩线建设和净化车间建设。为了能使"三枪"在国家需要的关键时刻可以立即投入口罩生产，作为公司的技术总监，疫情发生后他立即组织技术中心着手办理相关生产许可证、制订公司民用口罩相关生产技术标准工艺、落实防疫物资生产的设备设施布局调整工作，并做好市经信委防疫物资生产要求的对接协调工作。

为了缓解市场的口罩需求，他带领技术中心团队加班加点，抓紧新型口罩的开发、研制，利用驻极熔喷过滤层具有很好的过滤性、屏障性、绝热性和吸油性的特点，以最短的时间推出了"三枪"牌新款舒适透气、可更换滤芯重复使用的"立体时尚口罩"，并根据市场反馈，在最短的时间内升级了"立体时尚口罩"，使之更加美观、合适，贴合消费者的时尚需求。

为了确保口罩生产线、净化车间等各防疫项目高效顺利推进，确保设备、设施按期交付投产，关键时刻，他发扬"三枪铁军精神"，不达目标誓不罢休，以项目化管理的方法，定目标、定时间、定措施、定责任人。为了在现场盯进度，他舍小家顾大家，经常工作到很晚才回家，有时甚至连续几天不回家，那段时间，他甚至无暇照顾医院里病重的父亲。

李天剑为人低调谦逊，始终在技术和管理岗位上默默耕耘，他注重自身作为领导干部的政治站位和榜样示范作用，在各项急难险重工作中发扬"四个顽强、四个不怕、四个特能"的企业作风，靠前指挥，统筹安排，克服困难，解决实际问题，以自己的实际行动为企业高质量可持续发展贡献了力量。

一步一个脚印　致力于教学与科研

烟台南山学院纺织与服装学院院长　刘美娜

烟台南山学院纺织与服装学院院长刘美娜是山东省高校黄大年式教师团队"产教融合纺织工程专业教师团队"负责人、纺织工程山东省一流本科专业建设负责人、功能性纤维与纺织品山东省工程研究中心主任。刘美娜在教师岗位上已经工作了15个年头。不论多久，不论何时，只要站到讲台上，刘美娜始终充满着热情与激情，她的授课内容丰富多彩，深受同学们欢迎。

刘美娜

◆ 不忘"上好每一堂课"的初心　探索产教融合

刘美娜教授认识到上好每一堂课是一名教师的首要职责。为了增加实践经验，她把备课搬到了企业车间，从整经到穿综、穿筘再到开织、挡车，一点一滴地跟车间工人和技术人员交流学习，将课本的知识与生产融会贯通后带入课堂。学生们通过实地观察和动手操作，更容易理解和掌握专业知识。于是，她将课堂转移到车间，联合企业技术人员为学生讲解设备、工艺。

正是这"上好一堂课"的初衷，开启了刘美娜教授探索产教融合的改革之路。第一阶段，校企共建实践教学体系。把生产车间当作课堂，企业技术人员与学校老师联合开展实践教学活动，共同制订教学大纲，共同指导学生实践实习，共同考核学生学习效果，最终开发了羊毛模块课程体系，出版应用型教材2部、译著1部，获得纺织之光教学成果奖2项。第二阶段，"学—研—训"产教融合三平台助推一流本科专业建设。深化产教融合，校企协（中国毛纺织行业协会）三方协同共建课程对接生产的教学平台、课题对接应用的科研平台和技能对接岗位的实践平台，切实提高应用型人才培养质量，纺织工程专业获批山东省一流本科专业建设点，产教融合纺织工程专业教师团队入选"山东省高校黄大年式教师团队"创建示范活动名单。

◆ 牢记"学院引领者"使命　致力团队建设

作为纺织与服装学院院长，刘美娜教授打造了一支优秀的专业素质过硬的教学团队，培育了一支紧跟产业需求的创新型科研团队。她结合人才培养定位，确定了"引育并举、校企融合"的团队建设思路，形成创新与工匠的有效互补。由她负责组建的"产教融合纺织工程专业教师团队"获批第三批山东省高校黄大年式教师团队。

在她的带领下，校企双师组建工匠型教学团队，围绕一流课程、一流专业进行建设，校企联合组建纺纱、织造、染整课程群教学团队，吸纳企业的轻纺行业工匠、纺织工业劳动模范、全国十佳纺织面料设计师等人员到团队中，相互交流、共同学习，形成工匠精神价值引领、理论实践有机融合的双师型教学团队。

在她的推动下，平台建设引育创新型科研团队，围绕产业需求组建高性能纤维、功能毛纺织品、纺织智能检测技术科研团队，培育功能性纤维与纺织品山东省工程研究中心。依托平台引进省级高层次人才作为带头人，形成良好的牵引效应。同时，构建"开放、流动、协作、竞争"的运行机制，为教师成长搭建交流和学习平台，推动教师快速成长。近3年引进省级高层次人才3人，培养副高级以上骨干教师9人，获批山东省高校青创团队1个。

◆ 构建"德理实研"知识体系　实践创新教学

在教学中，刘美娜教授还注重学生的思政教育。她于教学内容中纳入思政要素、研发案例，构建"德理实研"一体的知识体系。她结合各章节知识点，引入学科前沿发展或纺织文化文明、工匠精神等相关案例，在引导学生产生民族自豪感、形成正确价值观的同时，传达专业知识、能力和发展；将企业生产、研发案例引入教学中，通过生产案例建立理论知识与实际应用的对接关系，做到会用，通过研发案例让学生在了解行业最新发展动态的基础上实现创新，做到用得好；收集企业产品，按照组织结构和产品属性分类整理，形成生产案例和研发案例以辅助教学，实现产业技术与理论、学科前沿与创新的融合。

除了思政教育与教学内容的完美融合，她还努力推进数字化教学方法改革，围绕以学生为中心的理念，积极采用先进的数字化教学方式，探索新的教学模式、教学方法和教学技术，加大专业核心课程的建设力度。从提高学生的参与度、认知度入手，借助数字化教材、数字化教学资源、数字化教学技术等开展新型的课程模式建设，并利用知识图谱、虚拟仿真实验等多种手段辅助课程建设改革，最终形成以学生为中心的数字化新型课程改革模式。

◆ 坚守"资源共享、协同创新"理念　服务区域经济发展

在教学上兢兢业业、恪尽职守，在科研道路上，刘美娜教授也从未停止前行的脚步，"一步一个脚印"是她一直以来的座右铭。哪有什么一蹴而就的成功，背后都是百炼成钢的坚持。她经常指导青年教师，"万事开头难，每位教师都要写项目申报书，先从校级项目着手，再厅局级、省级，今年不中，明年继续，坚持不懈，才能成功"。

刘美娜教授依托企业优势资源，带领老师们与企业深入合作，科研硕果累累。山东南山智尚科技股份有限公司为学校提供先进的科研设备和便利条件，学校与企业共享资源、共组团队、共研课题，培育形成了高性能纤维、功能纺织品、智能检测技术三个研究团队。近几年发表高水平论文50余篇，授权发明专利20余项，获得省部级以上科研奖励3项；承担省部级课题20余项，地方企业委托重大课题20余项，社会经济效益显著，获批高性能纤维与纺织品山东省工程研究中心。同时，结合专业特色开展功能毛纺织品研发工作，每年联合企业开展纵横向课题2～3项，开发新产品3～5个，并整理产品研发案例用于教学，编写应用型教材2部，培养了学生的创新能力和解决复杂工程问题的能力。

为响应国家和山东省黄河发展战略，2022年，由刘美娜教授牵头，联合青岛大学、中原工学院、西安工程大学等10余家高校企业成立"黄河流域纺织服装校企科技创新联盟"，进行资源共享、协同创新，合力推动黄河流域向生态纺织、智能纺织、低碳纺织转型发展，获批山东省高等学校功能纺织品协同创新中心。

刘美娜教授用实际行动践行着"孺子牛"精神，不求回报地为学生传授知识，培养他们成才，是每位教师学习的楷模。栉风沐雨秉初心，甘之如饴倾奉献。她在坚守教学科研、服务行业领域沉潜蓄势，不懈前行；她说，要带领纺织与服装学院走向辉煌。

唯坚持　得突破

江苏牛牌机械电子股份有限公司董事长　刘群信

"选择牛牌就是选择放心！"这是江苏牛牌机械电子股份有限公司（以下简称牛牌纺机）对广大用户的品质承诺，更是公司几十年来不变的初心所在。牛牌纺机总裁兼工程技术研究中心主任刘群信要求公司始终坚持以"质量第一，不断进取"为导向，以"为客户创造价值最大化"为宗旨，为

刘群信

中国纺织提供高端装备，助力产业升级。

历经时光淬炼，牛牌纺机不断践行梦想，矢志于精心耕耘，它的每一步都铿锵有力，它的每一个承诺都掷地有声。刘群信相信，"唯坚持，得突破"，未来并不遥远。

◆ 与时代同频　和市场共振

与时代同频，和市场共振，既是牛牌纺机肩负的时代使命，也是其能够经久不衰的实用诀窍。

作为国家级专精特新小巨人企业、国家级高新技术企业，牛牌纺机专业从事织机开口装置的研发已有24年。近年来，在刘群信的引领下，企业在国内率先开发积极式凸轮开口装置，其在喷水织机中的配套应用是全球首创，填补了国内外的空白。针对市场对织物组织趋于稳定的划分，为满足提综单元配置少、品种变换不多的织造企业需求，企业细分凸轮开口规格，开发NPW401、NPW402、NPW403凸轮开口装置分别织造平纹织物、6片提综织物、10片提综织物组织，合理配置提综单元，减少了资源浪费，满足了市场及客户的双重需求。以去铸件化设计用板材代替铸件，降

低了对金属材料的使用消耗，每台可降低金属材料消耗10千克，更加绿色环保，同时为用户减少了油脂的使用量，使维护保养更加便捷。

在国外企业垄断电子多臂技术的情况下，牛牌逆流而上，开发国产电子多臂，形成自主知识产权，打破国外产品的技术垄断，填补国内技术空白。其节能、高速，适应制织品种多，技术可靠性强，能替代高价进口产品，进一步提升国产纺织机械的技术水平及国产纺织装备的配套能力，增强国产装备核心竞争力，提高国际话语权。

电子提花开口装置对精度要求高、技术门槛复杂，多数企业停留在链条、偏心凸轮结构开发阶段。刘群信顺应现代化纺织高质量发展，用共轭凸轮结构开发NP6016、NP6024、NP6032提花开口装置并产业化，其刚性强、时尚美观，在满足高速需求情况下较同类产品更加绿色节能。

刘群信认为，技术创新是企业不断前进的根本。牛牌纺机每年投入占销售收入4%以上的研发费用，近3年共研发投入4011.71万元，占营业收入的4.2%。致力于开口装置的研究，掌握多项核心技术，拥有57项专利，其中发明专利3件；主导"纺织机械用积极式高速凸轮开口装置""纺织机械用消极式高速多臂装置""NP系列电子多臂装置"等标准制定。

刘群信重视产、学、研的有机结合，公司与北京航空航天大学、苏州大学、天津工业大学、扬州大学签订合作协议，形成大范围专业互补、层次完善的合作研发团队；与浙江理工大学、现代纺织技术创新中心（鉴湖实验室）共建高端无梭织造智能装备研发中心平台，加强工程技术研究中心的科技创新能力和水平。

◆　调整发展战略　巩固发展基础

当前，经济社会发展环境正在发生深度变化，行业面临销售遇阻、物流不畅、订单下滑、信心受挫等一系列问题。与此同时，中国纺织工业表现出强大韧性，彰显了新时代的行业价值与担当。

不少纺机企业尝试通过多种途径苦练内功，如销售途径多样化，狠抓经营管理，提高设备数字化、信息化、智能化水平，让节能降耗水平更上一级，加强对海外客户的跟踪和服务等措施，克服了许多发展难题，进一步巩固了发展基础和实力。

针对新形势，牛牌纺机相应调整了发展战略：第一，夯实基础，保持发展定力，不断提高公司解决实际问题能力和抗风险能力。加强夯实行业制造基础，加快推进产业数字化、绿色化、精益化转型。第二，研发新品，焕发市场活力。产品决定市场，任何情况下产品的质量、功能、创新点才是吸引客户的制胜法宝，只有不断研发新品，加强市场开拓，才能逐步扩大市场占有率。第三，营销变革，挖掘更多潜能。公司重新规划了营销团队，增强营销策略，注重服务工作，使为客户创造价值最大化。

刘群信认为，当下产业变化的最大趋势是数智化转型升级。他敏锐地认识到，在行业改革的关键时期，实行数智化生产的企业将大有可为。对此，牛牌纺机积极响应《江苏省制造业智能化改造和数字化转型三年行动计划（2022—2024年）》，设立智能制造部，全面实施智能化改造和数字化转型；启动精益管理项目，对公司计划排产、流程标准、质量控制方面进行梳理，为智改数转打好基础。

◆ 品牌是生命　人才是关键

刘群信表示，品牌是生命，成就世界一流织机开口品牌、铸就牛牌百年基业是企业的终极愿景。为了实现这个目标，牛牌纺机持续提升精细化、精准化服务水平，增强品牌影响力，把产品优势转化为市场优势，打造产品质量好、综合性价比高、客户认可度高的品牌。

近年来，牛牌纺机入驻各互联网推广平台，全方位助力企业品牌线上数字化推广，塑造企业品牌，结合行业需求，融入市场品牌营销、品牌塑造，精准有效地完善了产品定位、营销策略、营销渠道。

人才是创新的关键，牛牌纺机在人才培养方面，积极倡导以人为本，疏通全员职业生涯通道，让不同层次、不同层面的人才有充分发挥能力的场所，有展现人生价值的舞台。同时，公司实施人才战略，通过引进人才、培养人才、提拔人才，将有理想、能创新、敢担当的人才吸引到牛牌纺机。

刘群信率领的53人的研发团队，被认定为江苏省织机开口工程技术研究中心、江苏省企业技术中心，是一支达到国内领先水平的专业人才队伍。公司建立完善的创新人才培养通道（技术通道——工程技术研究中心主任、专家通道——首席专家），以在工作中委以重任、联合高校进修学习等方式，提高研发团队的专业技能与学历职称。通过产品开发激励办法——按所开发的产品销售额分阶段进行提成激励，知识产权申报奖励办法——按专利申请、受理、授权的不同阶段给予奖励金，研发人员的收入达到了公司平均收入的3~5倍，起到极佳的激励效果。

牛牌纺机引进阿米巴经营管理模式、精益生产现场管理模式、长松咨询组织系统，以集团化子公司模式搭建独立运营的凸轮开口、多臂开口、提花开口事业部及制造中心，选拔职业经理人，明确管理、技术、销售类岗位，建立虚拟子公司团队，给予员工自身发展平台并在年终参与股权分配。公司还专门设立培训经费，用于中高层管理人员、员工骨干的委外培训。

每年每个季度，牛牌纺机分别开展优秀工匠、创新能手、成长达人、质量标兵荣誉称号评选，弘扬工匠、创新、进取、质量精神；建立合理化建议制度，将技术创新和管理创新产生的效益按月百分之百奖励给员工，激发员工的工作积极性与创造力。

牛牌纺机始终坚持以"质量第一，技术创新"为导向，瞄准世界纺织机械科技前沿，提高产品的科技创新含量，增强企业的综合竞争能力和可持续发展能力，为用户创造价值最大化，为社会和谐发展而努力奋斗，为绿色化节能减排、资源重复利用、减少污染排放贡献牛牌力量。

以优质供应链服务助力行业高质量发展

中国茧丝绸交易市场总经理　刘卓明

中国茧丝绸交易市场总经理刘卓明专注于茧丝绸行业30年，有着较为丰富的行业经验，对行业历史、现状及发展趋势有着比较深入的思考和实践。多年来，他带领中国茧丝绸交易市场创新打造茧丝绸行业供应链综合服务平台，围绕"网上交易、金融对接、仓储物流、协同贸易、信息门户"五大业务板块，持续发力，"固平台、强渠道、促整合、提效率"，为茧丝绸行业企业提供安全便捷的线上线下交易方式和全方位的供应链服务体系，使企业的原料采购、产品销售、仓储管理、存货融资、行业数据共享等经营活动效率

刘卓明

大幅提高，实现中西部茧丝原料基地与东部深加工织造产业的高效对接，带动中西部蚕农共同富裕，巩固我国茧丝绸产业在国际市场上的定价权，成为国际茧丝价格风向标，促进茧丝绸行业全国统一大市场的发展，助推产业升级和高质量发展。

◆ 强链补链　做创新变革的引领者

1992年，中国茧丝绸交易市场建立之初，承担着引导茧丝绸产品市场化流通的任务，以组织交易，引导产销，合理配置资源，探索中国茧丝绸行业流通管理的新办法，为行业的深化改革服务为宗旨。

随着时代的发展和行业的变化，近年来，刘卓明带领中国茧丝绸交易市场积极向行业供应链服务平台提升，面对茧丝绸产业链条长、企业小而散、工业化和市场化发展不充分不平衡的行业发展格局，市场以产业互联网为基础，以行业供应链金融和大宗商品新零售为核心，创新打造行业优质供应链服务平台，开启了市场发展的新征程，助力行业高质量发展。

实施战略创新，推动市场供应链服务向多元产业化转型。在行业发展的新形势下，刘卓明以丰富茧丝绸行业供应链平台服务内容为发展思路，紧跟行业发展步伐，

带领市场不断完善服务产品体系，从单一的市场交易平台转型升级为行业供应链全链条综合服务平台，以切实解决茧丝绸企业围绕交易所延伸出的仓储物流、金融对接、个性化需求、信息交互等问题。

刘卓明提出，要以市场和金蚕网为发展基础，综合运用产业互联网、供应链金融、大宗商品新零售、云仓及区块链等新理念新技术，建设覆盖茧丝绸产业上中下游的安全高效的茧丝绸行业供应链生态圈，大力发展"在线交易、金融对接、仓储物流、协同贸易、信息联通"五大服务内容，把单一、分散的众多行业中小企业联结在一起，将企业之间点对点的业务往来扩展为点对面的多路径交互网络，发挥集群效应，解决单一企业购产销及金融与物流服务匹配难度大、成本高的劣势，使企业的原料采购、产品销售、仓储管理、存货融资、行业数据共享等经营活动的效率大幅提高，为整个丝绸行业构建一个开放、共享的网上丝绸之路，促进行业供应链上中下游企业协同、高效、高质量发展。

加强产品开发创新，打造全国茧丝绸产业供应链平台。随着社会经济的发展和行业的变化，刘卓明充分考虑到中小企业的生产经营需求和开展供应链业务的实际情况，带领公司技术团队挖掘更智能化、数字化的服务模式，由金蚕网独立开发了适用于全行业的平台产品——金蚕网全国茧丝绸产业供应链平台。平台的开发打造为金蚕网向茧丝绸行业提供全方位的供应链服务提供了有力的技术支撑。

公司技术团队深入参与实际业务，熟悉流程、建立模型、自主开发，运用移动互联网和云计算技术，打造形成茧丝绸行业运行信息平台、线上交易系统、仓储物流管理系统、货物匹配系统、资金结算系统、风控监测系统等一系列实用性强、运行效率高的数字系统，满足了从产业上游资源到产业上游生产企业、再到产业下游生产企业全流程的供应链业务需求，有效助力实体经济的可持续发展。

聚焦开拓创新，布局蚕茧、生丝、绸缎等线下超市及各茧丝主产区的仓储体系。随着我国东桑西移产业布局的调整，上下游的分工合作日趋密切，整个茧丝绸产业逐步形成了中西部地区原料基地和东部地区丝绸成品深加工的区域分离的局面，区域化协作和专业化分工的特征更为明显。对此，刘卓明引入了大宗商品新零售的概念，创新打造蚕茧超市、生丝超市、绸缎超市，并配以各茧丝主产区域的超20万平方米的仓储物流体系，实现了新零售在大宗商品领域的运用，进一步完善供应链生态、扩大行业市场。

金蚕网在蚕茧及缫丝主产区域广西河池建立蚕茧超市，在绸缎织造集中区域浙江湖州建立生丝超市，并积极规划布局绸缎超市，实现全国各主要茧丝绸产、销区全覆盖，为行业上下游企业提供前端采购、后端渠道分销的贸易执行服务。近年来，蚕茧超市、生丝超市规模快速增长，2022年协同贸易客户达420多家，其中上游企业

130多家、下游企业280多家，茧丝协同贸易数量达4369吨。

创新数据运用，推进茧丝绸产品系列指数的编制发布，形成行业价格风向标。经过30年的交易发展，市场平台产生了大量的茧丝交易数据，市场深化数据创新应用，不断提升数据价值，编制形成鲜茧和干茧、普通等级生丝和高品质等级生丝、绸缎类产品的价格指数体系，直观明了地向行业展现茧、丝、绸等产品的价格情况和变化趋势，充分发挥了市场价格风向标的作用，进一步增强了我国茧丝绸产业的国际定价话语权，为产业高质量健康发展奠定了坚实基础。

茧丝绸企业通过市场平台多种交易方式所形成的"嘉兴茧丝价格指数"被中国社会科学院财经战略研究院评为"中国十大最具影响力商品市场指数"，直接影响到国际市场丝绸的价格，助推我国丝绸行业形成与引领国际市场茧丝价格的"话语权"。

◆ 紧跟时代　做纺织事业的贡献者

在刘卓明的带领下，市场由原来单一的行业交易平台发展为行业供应链综合服务平台，成为我国茧丝绸行业的交易、价格、信息、物流和供应链服务中心，市场网上合同订购交易会员200多家，挂牌交易客户600多个，蚕茧超市、生丝超市现货协同贸易衔接产业链上下游客户500余家，覆盖全国10多个省（区）的主要茧丝绸产区，每年线下现货交易、协同贸易，线上合同订购交易、挂牌交易等各类交易总额超百亿元。市场和金蚕网先后获评"中国百强商品市场""中国十强创新市场""全国纺织行业'专精特新'中小企业（金蚕网茧丝绸产业供应链平台）""浙江省重点培育市场""浙商行业龙头市场""浙江省重点流通企业""浙江省供应链创新与运用试点企业""浙江省重点培育电商平台企业"等多项荣誉。

市场和金蚕网的发展，不光解决了产业链上下游对接过程中许许多多的细节问题，还在客观上促进了一系列社会效益的产生，推动了纺织行业高质量发展。

推动产业链上下游高效对接，促进茧丝绸行业全国统一大市场的发展。市场和金蚕网线上交易平台、线下贸易超市及供应链服务配以浙江、江苏、广西、云南、四川等全国茧丝绸主要产销区域的超20万平方米的仓储物流体系，帮助茧丝绸行业上下游企业实现了大量的前端采购、后端渠道分销的贸易执行服务。2021年进出库货物数量总计达到3.19万吨，2022年2.64万吨，超过全行业年总流通量的1/10；2021年通过市场和金蚕网平台中转出口的生丝630多吨，2022年达1093吨，约占全行业年总出口量的1/3；近年来，每年输入浙江的高品质生丝近5000吨，为高端织造业提供了稳定的原料保障。

引导行业企业积极融入"双循环"发展。2020年，在中国丝绸协会的指导下，市场完成高品质生丝指数的发布，客观反映了高端产品的价格与需求，不断引导企业提高产品质量。2022年，市场面向全国主要蚕茧产区采集鲜茧收购、干茧贸易数据，编制中国茧丝绸交易市场干茧指数和鲜茧（河池）指数，并每周向行业发布，实现了对茧、丝原料定价权的全面覆盖，市场行业影响力稳步提升。2023年，市场主导编制的中国（南充）绸缎价格指数正式发布，成为全国唯一一个真丝绸缎价格综合指数。市场编制发布的一系列茧丝价格指数，内强产业链，外强定价权，直观地反映了国际国内市场趋势变化，是市场和金蚕网积极引导行业企业响应国家"双循环"战略、巩固和夯实我国茧丝绸行业"定价权"功能的重要举措。

促进中西部蚕农增收，带动共同富裕。市场和金蚕网供应链平台的产销对接功能和金融对接解决方案，把东部地区的资金优势注入中西部茧丝原料产区，带动了中西部茧丝绸企业发展和蚕农增收。市场和金蚕网供应链平台带动中西部蚕农增收不是单向的资源输入，而是通过带动产业链的稳步发展，让茧站有资金收购蚕农的蚕茧，让蚕茧能顺畅地销售到丝厂，让生丝能顺畅地销售给织造深加工企业及出口。产业链顺畅了，蚕农种桑养蚕才能没有后顾之忧。

近5年来，金蚕网已累计帮助全国400多家茧丝绸企业获得金融机构资金对接支持90多亿元，帮助企业及时收购蚕茧超过300多万担，杜绝打白条现象，惠及中西部地区20多万户蚕农，蚕农户均增收超过6000元。

2023年是市场成立30周年，刘卓明对市场未来的发展有了新的愿景。他提出，要以成立30周年为契机，激发"三十而立绽芳华、勇立潮头再出发"的精气神，积极响应国家"双循环"发展战略，立足于茧丝绸行业，完善产业互联网平台，提升供应链服务水平，实现产业链无缝贯穿，不断创新交易模式、拓展服务内容，以更优质的服务满足茧丝绸企业的需要，更好地为茧丝绸行业发展服务，融入全国统一大市场、融入共同富裕的发展方向。

追求卓越　创新不止

上海德福伦新材料科技有限公司副总经理　陆育明

上海德福伦新材料科技有限公司（以下简称德福伦公司）副总经理、生产中心总经理陆育明长期致力于涤纶短纤维新材料领域的研发和生产工艺优化调整，在推动企业科技进步和产业转型升级上发挥了重要作用。他主持和重点参与国家和市级项目10余项，认定7项上海市高新技术成果转化项目，获得上海市优秀发明选拔赛金奖1次、中国纺织工业联合会科学

陆育明

技术奖1项、中国纺织工业联合会科技进步一等奖1项，被授予中国纺织大工匠、全国纺织工业劳动模范等荣誉。

◆ 追求卓越的创造精神

陆育明深知质量是企业生存之本，30年来始终坚守一线，只要产品质量出现波动便第一时间赶赴现场，运用丰富经验迅速判断并调整，让质量快速回归稳定。一次，客户要求再生蓝纤维产品达到极高标准，为确保产品100%优质，他带领员工日日夜夜检测疵点，严格控制工艺设计和卷绕牵伸过程，终使该批产品达到而且超出客户预期。德福伦品牌之所以深受市场信任，离不开他的不懈付出和执着追求。

他是真正的创新者，善于将理论研究转化为现实生产价值。曾有客户在用椰炭母粒生产新产品时遇到质量问题——由于椰炭母粒多孔结构容易吸潮，造成纺丝过程中含水率高、断头和注头多的现象，无论客户如何调整工艺均无法根治。客户找到德福伦公司寻求解决方案，陆育明根据多年来对纤维生产工艺的系统研究，提出使用氮气对母粒实施气体保护的解决方案——在母粒干燥后用氮气注入料仓并保持正压，与外界空气隔绝以防止再吸潮，使纤维含水率控制在千万分之一百以下，最

终使椰炭母粒生产出各项指标均达标的高品质产品。此举不但解决了客户的难题，也证明了他在纤维生产领域的专业才华。

陆育明的创新精神不仅表现在纤维研发上，更体现在生产管理方面。随着企业规模不断扩大，生产运营变得日益复杂，他积极推行生产管理的标准化和信息化，建立了科学合理的标准体系和生产运营数字管理平台，大大提高了企业的管理效率和运营质量，使生产过程清晰可控，为企业的数字化转型奠定了基础。

根据生产实际，陆育明进一步提出用干热压缩空气代替昂贵的氮气保护母粒，经过试验终于获得成功，不但产品各项指标均符合客户要求，也为德福伦公司节省了大量生产成本。这些实例充分证明了他在涤纶短纤维工艺研发和生产管理方面追求创新的决心和勇敢实践的精神。

追求卓越的创新精神，是陆育明30年职业生涯中最为致力的方向。这种精神不仅体现在技术研发上，更体现为对生产管理的持续优化。正因如此，德福伦公司才得以在行业内占据领先地位，成为技术创新的引领者，也使陆育明成为整个行业学习和追随的楷模。

◆ 精益求精的品质理念

陆育明常说："梦想像一艘船，扬起帆就能到达成功彼岸。"自1991年入读上海纺织学院，他立志成为中国化纤工艺设备领域的专家。30年来，作为公司的生产中心总经理和高级工程师，他致力于涤纶短纤维产品的研发和生产工艺的持续优化，先后申请专利30余项，其中已授权13项，并获得上海市多个科技奖项，以及中国纺织工业联合会颁发的2项科技奖。2021年，他被评为"全国纺织工业劳动模范"和"中国纺织大工匠"，成就了一番不平凡的业绩。

坚持不懈是陆育明品质理念的核心。30年来，无论企业遇到什么样的困难，他始终不渝地坚守岗位，深入研究分析问题根源，结合纤维生产实际提出切实可行的改进方案和解决措施，确保产品质量稳步提升、客户满意度不断加强。

陆育明不仅要求自己精益求精，更要求全体生产人员形成这样的工作态度。他认为，企业的发展离不开每个员工的努力，只有每个人都具有高度的责任意识和精益求精的工作态度，企业质量管理水平才能不断提高，产品和服务才能真正达到客户的预期。为此，他常常通过具体案例向一线员工阐述精益求精的重要性，让每一个一线员工都明白质量是企业发展的生命线，只有做到心中有品质、手中有质量，才是优秀的工作者。

精益求精是企业实现长期发展的必由之路。多年来，陆育明对此理念的执着践行，不仅使德福伦公司的产品质量和品牌影响力不断提升，也使企业的产品和服务深受客户青睐。正是因为陆育明对生产技术精益求精的坚守，德福伦公司才能在竞争激烈的行业内屹立不倒，成为客户信赖的品牌。

◆ 用户至上的服务理念

陆育明始终坚持以客户为中心，将不断满足客户需求和提升客户体验作为自身不懈追求的目标。在再生蓝纤维项目中，为了交付100%优质产品以超出客户预期，他带领团队日日夜夜检测产品质量，充分证明他视客户需求高于一切的服务理念。

同样，在椰炭母粒项目中，他根据客户反馈的质量问题研发出解决方案，不但解决了客户的难题，而且最终产品各项指标均超出标准，再次彰显了他用户至上的服务宗旨。对陆育明来说，作为高级工程师和生产中心总经理，满足客户需求和不断提高客户满意度是他岗位职责的重中之重。只有不断满足客户需求，提供超值服务，企业才能实现快速发展。

在日常工作中，陆育明也要求全体生产人员牢记客户第一的服务理念。他常说，客户是上帝，企业要想活得好、活得长，就必须围绕客户需求开展各项工作。对新员工，他专门讲解客户至上的服务理念，让员工理解企业和客户之间的利害关系，理解为客户提供自定义服务的重要性。这种理念的传播，使得全体德福伦员工对客户需求高度敏感，形成了以客户为中心的集体意识，企业的市场应变能力和客户满意度不断提高。

作为生产中心总经理和高级工程师，陆育明深知只有不断满足客户需求、赢得客户信任，企业才能在激烈竞争中立于不败之地。这种服务理念的内化，使德福伦公司在市场变革中始终围绕客户需求不断创新和提高，树立品牌形象，也为中国化纤行业转型发展提供了范例。

陆育明对用户至上的服务理念的执着践行，还使他成为行业内公认的技术权威和客户满意度的保障者。这种服务理念和态度也影响和激励着更多技术人员在工作岗位上为客户创造更高价值，共同推动行业进步。陆育明的事迹证明，技术人员只有坚守用户至上的理念，不断满足客户需求，才能真正发挥自己的专业价值，实现职业的成功和自己的理想。

陆育明对三大理念的执着践行，使得德福伦公司的产品和服务深受市场欢迎，品牌影响力不断提高，企业不断快速成长。作为生产中心总经理和高级工程师，他证明了只有深入理解市场需求，不断创新，追求卓越的品质和服务，企业才能在激烈竞争的环境下生存和发展。他的精神也将激励更多技术人员在各自岗位上追求卓越，共同推动中国制造的高质量发展。

同时，陆育明也具有强烈的责任意识和使命感。无论企业遇到何种困难，他总是第一时间赶赴一线，全力以赴解决问题。这种敬业精神和对工作的投入，使他成为全体员工学习和追随的楷模。而这些特质，恰恰是新时代技术型人才应具备的基本素养。

陆育明对技术创新、产品质量和客户服务理念的不懈追求，成就了他在行业内的技术权威地位和客户满意度保障者的角色。这不仅推动了德福伦公司的成长，也使得公司的产品质量和市场竞争力不断提高。

只要坚守　定会成功

陕西服装工程学院董事长　吕明

"幸福不是一时一刻的轰轰烈烈，而是日复一日、年复一年的平平淡淡。平淡孕育伟大，平凡成就非凡。平淡是日积月累的奋斗，平凡是韬光养晦的坚守。只要坚守，定会成功。"2022年，在陕西服装工程学院毕业典礼上，学院董事长吕明动情地向学生分享他的经验和感悟。

吕明

◆ 身兼数职　牢记先生教导

作为国学大师季羡林先生的弟子，吕明牢记先生"爱国、孝亲、尊师和重友"的教导。吕明认为，爱国，在任何时候始终都是摆在首位的，生命只有和民族的命运融合在一起才有价值，离开民族大业的个人追求总是渺小的。我们常说家国情怀，家和国永远都是不可分割的，无论何时何地，要始终把自己的理想与祖国的前途、把自己的人生同中华民族的命运紧密联系起来，为实现中华民族伟大复兴的中国梦注入蓬勃的青春力量。要始终拥有一颗中国心，心中有信仰，脚下才有力量。人生，胸怀天下，才有意义。

吕明一直身兼数职，任镐京集团董事局主席、陕西服装工程学院董事长、陕西科技大学镐京学院董事长、季羡林国学院理事长等。1997年起先后担任陕西省纺织行业协会常务理事、副会长，咸阳市政协委员、政协常委，咸阳市工商业联合会副主席等职。

多年来，他致力于高等教育管理研究和实践，并以全新的办学理念和杰出的成绩荣获陕西省教育委员会"社会力量办学优秀（校）院长"称号、"新时代影响力人物"、陕西省社会力量办学"突出贡献奖"、首届陕西省咸阳市"创业先锋金奖"、国家民办高等教育"创业奖"、陕西省跨世纪社会力量办学"十大杰出人物"称号，获陕西省"先进教育工作者"、陕西省"十大杰出青年"、陕西省纺织行业优秀管理者、2022中国纺织行业人才建设贡献人物等荣誉。先后出版专著《我的大学我的梦》，出版《现代企业管理》等教材6部，发表学术论文30余篇，获专利6项，主持和参与国家级、省部级科研教研项目多项。

◆ 特色办学　推进行业人才培养

1994年，吕明创办镐京国际教育集团，集团下设陕西服装工程学院、陕西科技大学镐京学院、西安健康工程职业学院、季羡林国学院等大学及教育机构，有服装研发、医药健康、人工智能科技等企业。在吕明的领导下，陕西服装工程学院按照"市场化思维、国际化视野、特色化发展"的办学理念，在办学实践中坚持"质量立校、人才强校、特色兴校、依法治校"，实施"专家治校，教授治学"的战略，不断深化教育教学改革，加强内涵建设，形成了鲜明的办学特色，多年来为国家培养出数以万计的优秀应用型高等专业人才，成果显著，被中国纺织工业协会授予"人才培养示范院校"、被陕西省纺织行业协会授予"科技创新先进集体"，受到教育部、陕西省人民政府、咸阳市人民政府的高度评价。

吕明积极推进纺织行业人才的培养和引进工作，为纺织产业转型升级提供了重要支撑。2022年，吕明在"2022～2023中国纺织人才大会"上荣获"2022中国纺织行业人才建设贡献人物"。该奖项既是对吕明个人的认可，更是对陕西服装工程学院在纺织行业人才培养和引进方面的成绩的肯定。陕西服装工程学院还获得2022年中国纺织行业产教融合先进院校称号，该荣誉由中国纺织工业联合会评选产生，评选标准包括学院在产教融合方面的投入和效益、教学质量和实践教学成果、学生就业质量和社会影响力等多个方面。这一荣誉的获得，充分证明了陕西服装工程学院在纺织行业产教融合方面的卓越表现和杰出贡献：学院一直致力于推动纺织服装行业的发展和产教融合的深入实践，与纺织企业建立了紧密的合作关系，积极开展产教融合项目，推进科研成果的转化应用，为行业发展注入新动力。

◆ 培养数字化新型人才　为产业储能

吕明坚持陕西服装工程学院应用型本科院校定位，学院深入实施科教兴国战略、人才强国战略、创新驱动发展战略，构建人才培养体系、推动人才高质量发展的着力点，服装相关专业强调制造经济与科技、创新的高度融合。近年来，学院坚持以功能化、差异化为方向，推动行业产品体系的升级；以智能化、绿色化为方向，推动服装制造体系的升级；以服务化、资本化为方向，推动服装价值体系的升级。科技创新驱动下，行业的投入产出关系、与市场的连接方式都在发生深刻变化，学院开拓行业开放式设计、协同式研发、互联制造、产能共享等服务型制造新模式，持续推进专业建设，坚持艺工融合的办学特色，将数字化融入教育规范，坚持传承创新与融合发展并重，着力打造集艺术、科技、时尚、文化于一体的特色学科建设体系。未来，学院将抓紧推进数字化新型人才的建设和培育，为产业储能，助力服装产业转型。

此外，陕西服装工程学院与企业合作建设了服装智造数据智联重点实验室、3D数字设计人才培养基地，建立校企共建单位，与服装行业数字化装备、人工智能、3D技术等TOP企业建立合作关系，开展合作研究、合作育人、合作就业，不断推动学校产教融合协同育人和数字化转型进入快车道、迈上新台阶。

吕明在工作上废寝忘食、呕心沥血，在生活上却严谨自律、朴实节俭。在担任中国纺织工业联合会常务理事期间，他关注高等教育和纺织行业发展，坚持教育公益性原则，倾其所有，不图回报，为我国纺织行业及民办教育发展作出了巨大贡献。

春华秋实 岁月有痕

东方国际集团上海市纺织品进出口有限公司副总经理 麦沛成

37年的职业生涯，麦沛成见证并亲历了中国改革开放全过程，经历了外贸公司从计划经济到市场经济、从有配额到无配额、从加入WTO（世界贸易组织）之前到之后、从无网络时代到有网络时代再到如今的人工智能时代，外贸形态发生了天翻地覆的变化，唯一不变的是老外贸人对事业的一颗炽热之心。多年的外贸行业的摸爬滚打练就了其过硬的政治素质、

麦沛成

业务素质、管理素质，其为东方国际集团上海市纺织品进出口有限公司（以下简称纺织品公司）的发展作出了卓越贡献。

麦沛成大学学的是纺织化学染整专业，毕业后从事的是外贸工作，说是跨界，确切地说是交界，是纺织和外贸两者的结合，也是纺织业的尾端。进公司时他就有一个朴素的理想，即把中国的纺织品通过外贸的桥梁运往世界各地，让世界上更多的人用上优异的中国纺织产品。麦沛成从公司的一线员工成长为高级管理干部，以无私的付出践行了自己的初心理想。

◆ 调结构拓市场 拓展商品盈利空间

麦沛成在做业务员时，在他的不懈努力下很早就打入了孟加拉国服装面料市场，使公司成为最先进入孟加拉国服装面料市场的我国外贸企业之一。他利用自己拥有的纺织技术优势，在与客户的交往中不断为客户开发各类新品种，同时为客户提供纺织技术帮助，赢得了客户的信赖和尊敬，业务上获得了可观的利润。丰富的商品知识、优异的销售技能、对市场整体的把握、对形势前瞻性的判断、积极的进取精神，成就了麦沛成每年出色的地区销售业绩。

当麦沛成进入经营管理层，他带领自己的团队做好市场布局，积极应对市场变化，通过优化供应链不断降本增效，努力打造对市场的局部垄断优势，形成销售优势地区。通过不断地筛选和努力，带领团队确立了以中东、非洲和南亚地区为主要销售优势地区，并努力做大做强南美市场业务。在商品开发和布局上其注重实用，始终坚持好商品不分高低贵贱，只要能满足客户的需求且能为企业带来好的效益就是好商品。他在红海商品上努力降本增效，同时寻求低成本的类似商品作为替代产品，加强延伸产品开发，努力拓展商品的盈利空间。

除了积极参与激烈的红海市场竞争外，麦沛成还努力建立自己的蓝海区域，如根据客户需求对一些传统面料进行加工升级，赋予其新的功能，做到人无我有；努力开发一些竞争小的小众商品，寻求超额利润。

◆ 注重品牌建设 "银河"行销亚非拉

麦沛成以品牌作为巩固市场和拓展市场的有力手段，进而实现对市场的局部垄断，不断增强企业的核心竞争力。1988年，麦沛成开始从事中国香港地区的外销工作。香港作为辐射全球的重要转口市场在当时具有极其重要的地位，而"银河"商标作为初创期的面料品牌急需不断扩大市场份额、巩固品牌地位，因为当时除了"银河"品牌外还有其他口岸的品牌也在拓市场。在电报电传时代，通讯落后且成本极高，加上没有电脑，工作效率很低，在此情况下，麦沛成练就了过硬的电文技巧，提高与客户的沟通效率，工具落后就以超时工作弥补效率，其每年销售"银河"品牌棉涤纶产品单香港地区达1500万美元以上，在当时国内供应极其短缺情况下实属不易，为初创阶段"银河"品牌的发展壮大作出了杰出贡献。"银河"品牌多年以来一直被评为全国著名商标，行销亚非拉市场，深受消费者青睐，目前年出口量达3500万美元。

作为经营管理者，麦沛成始终将品牌战略作为工作的重要抓手，发掘和运用纺织品公司存量丰富的商标资源，针对特定地区为特定一些商品冠以公司某些商标，为商品在海外的拓展构筑"护城河"，将竞争者远拒城外；同时根据目标市场特点注册新的商标，建立新的品牌，如就人造棉对中东非洲特定市场出口赋予了2个新的商标，几年来该品牌的人造棉在中东非洲市场的销售节节攀升，目前已成为公司销售的第二大商品。

◆ 力挽狂澜　不断创造业务新亮点

2001年，麦沛成被派往第一业务部担任经理，该部门曾是公司最大的业务部，但当时其业务正处于最困难的低点。当时也有同事劝说他不要去，因为问题都很棘手，但是麦沛成本着从公司利益出发，认为接受挑战也是一个人价值的体现。到了第一业务部后他没有急于解决那些表面上的问题或矛盾，他认为往往太纠结一些细节会使问题越理越乱，而化繁为简、抓住"发展"这个主要矛盾才是最佳选择，只要发展起来，问题自然会迎刃而解。

麦沛成从激发职工的能力开始，让每个员工都动起来，给他们体现价值的机会，由此大大激发了职工的积极性和主人翁精神。同时重建部门管理体系，以制度约束人的工作行为，强调制度面前一律平等，从而大大降低了矛盾冲突的可能。此外，与业务员一起研究市场，不断创造业务新亮点，使第一业务部走出低谷，重树业务佳绩，回归公司业务排名前列。

2003年，麦沛成重回第五业务部担任部门经理，虽然是回"娘家"部门，但面临的问题却不少，业绩下滑是主要矛盾，背后的原因包括资产质量问题，如历史库存较多、资金占用过高与业务量不相匹配，虽说是100%的自营出口，但有相当部分的业务风险较大、业务结构不合理。同时麦沛成还发现，业务组人员搭配有明显缺陷，不利于健康发展，工作氛围也不佳。除了以上急需解决的问题外还有一个重要任务，即推进多元投资股份制改革，进行员工持股。2004年5月8日，由第五业务部改制，成立了上海常达进出口有限公司（以下简称常达公司），麦沛成任纺织品公司经理同时兼任常达公司总经理。成立之初的几年，包括之前到任第五业务部的2003年，治理整顿是主旋律，工作的抓手从优化人员结构开始，形成相互制约和相互促进的机制，以充分了解每个人的特点，用好每个人。

麦沛成建立健全管理制度并根据实际情况适时调整，加强业务管理以堵住可能的漏洞，花大力气处理历史遗留问题，优化财务指标，卸下包袱，轻装上任；调整业务地区划分，有效地消除了内部的无序竞争，促进各地区良性竞争、健康高效发展，进行市场地区调整，确立市场发展主线，舍弃高风险地区，逐步化解风险业务带来的不良后果，经一套组合拳后业务高效有序健康发展。在业务稳定发展之后，第二步工作着重放在"强健肌体"，根据所从事商品特点，确立了以规模促效益的长期发展经营思路，强化主营商品销售，不断扩大主营商品范围，形成局部垄断优势，确立竞争优势；以品牌助力主营商品在特定市场销售，从而不断扩大目标销售市场，树立良好企业形象，提升企业无形资产。

麦沛成注重人才培养，亲自为新进人员授课，包括业务知识、商品知识，形成在公司范围内关心新职工成长的氛围；注重企业文化建设，把企业文化建设作为支部工作重点之一，开展了一系列的活动，以融洽公司内部关系，激发职工积极性、创造性，形成企业共同的价值观，努力营造良好的企业氛围。常达公司多次被评为集团先进集体、标杆集体。

◆ 实现国有资产保值增值承诺

常达公司成立19年以来，平均每年投资回报率约50%，净利润回报率约40%，实现了成立时的承诺："让国有资产保值增值，让股东的利益努力最大化。"

作为纺织品经理班子成员，麦沛成协助企业一把手做好公司的经营管理工作，认真完成分管的各项工作，力求完美，一直以来纺织品公司稳步发展，取得了很好的业绩。2020～2022年3年，麦沛成主持纺织品公司经营工作，受疫情影响，渠道不畅、运作受阻，业务开展面临前所未有的困难。在公司党委的领导下，麦沛成一手抓抗疫，确保广大职工的身体健康，努力解决职工生活物资短缺的困境；一手抓业务，把疫情对业务的影响降到最低限度。经理班子通过线上会议加强与各经营单位的沟通，及时相互交流疫情下有益的业务操作经验，在正确分析形势发展趋势后提出行之有效的业务操作策略，克服了"天价"运费的困境，努力抓住转瞬即逝的机会窗口期抓取更多的订单，利用国内成本和国际市场不同步的机会争取利益最大化。顺势而为和应时而变的打法最大限度地将疫情的影响降到了最低，主营业务销售收入3年均值23亿元人民币，出口创汇3年均值3.25亿美元，利润总额3年均值2355万元人民币，基本与往年一致，出色完成目标任务。2022年第二季度，开始酝酿外贸综合改革方案，得到了集团的高度重视，被列为集团"外贸综改"重点企业，并在当年开始实施方案，以改革稳业务、促发展。

麦沛成怀着对公司的赤诚热爱，依然奋战在业务一线，守正创新积极进取，与其说是一份责任，不如说是对公司的一种情怀。

路行万里，虽未有光辉灿烂，但麦沛成走过的每一步都留下了深深的足迹。

创新赋能　让功能材料大放异彩

际华三五零九纺织有限公司副总经理　苗馨匀

苗馨匀自2010年进入际华三五零九纺织有限公司，一直负责新产品开发和技术管理工作，坚持"以市场为导向，以企业为主体，产学研相结合"的指导思想，主要开发了吸湿排汗纤维、麻浆黏胶纤维、智能空调纤维、PTT纤维、抗菌锦纶纤维、细旦竹纤维、阻燃黏胶纤维、竹长丝等系列新产品，均已实现批量生

苗馨匀

产。细旦竹纤维高支高密面料获"2011/2012秋冬中国流行面料"入围奖，由她主导的"导湿干爽功能面料的生产关键技术"获中国纺织工业联合会科学技术进步奖二等奖。

2014年11月苗馨匀担任设备科技部部长，于设备管理中落实"四个三"工作法，开展日常揩检和月底完好零分机台攻关检查，开展三零攻关劳动竞赛。月底统计奖惩兑现，各车间设备管理意识增强，管理水平均有一定提升，零分机台率从最初的15%提高到80%。机物料采购严格执行联合招标采购及比质比价程序，她时刻关注大宗物资价格走向，向采购要利润，每年降低采购成本50万元以上。苗馨匀认识到公司安全工作责任重大，坚持日常隐患排查和重要专项检查，建立常态化安全生产检查机制，坚持"日巡查、周专项、月覆盖、节假日不放过"，安全工作实现PDCA循环，公司顺利取得"安全标准化二级企业"证书。

2017年1月苗馨匀担任公司总工程师，期间加强对现有产品工艺的优化与研究，开发高支纱和功能性纤维的生产工艺，积极学习先进工艺技术，根据公司的设备状况及技术改造开发新产品，并把取得的新产品申报国家专利，至今已获得发明专利授权7项、湖北省重大科技成果7项，助力公司新产品研发。

2018年苗馨匀任副总经理，分管质量技术和设备安全工作，主要在提质增效、降本压费、产品开发、设备安全管理等方面做工作。纺部开展半成品重不匀、纱疵和自络效率等攻关活动，织部开展织轴好轴率、布机车速效率和漏验率等攻关活动，均有不同程度的提升；同时优化配棉，在满足质量要求的前提下采用细绒棉部分或完全替代长绒棉生产高支纱，降低了原料成本；通过联合招标采购、比质比价、修旧利废与职称评定挂钩等多种方式控制机物料消耗，每年降低采购成本30万元以上。苗馨匀对标先进，开展质量攻关活动，做好产品开发，为接单打下良好基础，其开发生产的天丝60支外售纱、天丝100支高支高密面料、汉麻混纺军用针织纱线及气流纺32支、40支卫材用纱等产品均已实现订单生产。她以产品质量和生产效率为导向，加强设备三零机台检查，强化设备基础管理水平；建立健全安全生产责任制，强化安全风险防控和隐患排查治理，安全生产实现"四无"目标，公司顺利取得"安全标准化二级企业"证书。同时加强政策研究，每年争取国家政策资金支持和各项荣誉，为生产经营锦上添花。

2021年底至今，苗馨匀任际华纺织印染研究院副院长兼副总经理，她深化集团公司"三统一"战略，整合研发资源，围绕"保军、应急、为民"的使命，聚焦功能性、防护性产品开发与迭代升级，重点围绕军警防护、应急消防、工业防护、职业防护等应用领域研究开发舒适健康、卫生保健、安全防护、易护理等功能纺织品，聚焦高强耐磨、吸湿透气、阻燃防静电、防刺防割、防酸碱、防水拒油、高可视等功能需求开展高性能防护材料的应用研究和功能性防护性纺织面料的研发、生产及服务，发挥功能性防护性材料在产业链和供应链前端的引领和支撑作用。

2022年，以军队换装为契机，苗馨匀带领研发团队全力攻克新一代军服面料研发的关键技术点，大大提高了军用作训服的产品品质；开发了消防抢险救援服、灭火服、阻燃防静电服、焊接服、隔热服等特种防护服装面料，部分已实现批量订单生产；完成中国建筑、中国交建、中国中化等央企工装面料的研发设计任务，编制技术标准32份；与高等院校、科研院所开展产学研合作，开展玄武岩等特种防护产品开发、非棉抑菌静电纺丝技术应用研究、防水透气膜复合产品开发等项目，以项目为纽带，不断吸收外部创新力量，协同开展项目研发，结成技术创新联盟，实现技术创新的协同效应。

截至目前，际华纺织印染研究院在苗馨匀的带领下稳步前进，已取得多项研发成果，大大提升了企业在新产品、新市场上的核心竞争力，带动上下游产业发展，在纺织行业功能材料的应用推广等方面具有示范作用。

振兴中国绳业　铸就国际品牌

鲁普耐特集团有限公司董事长　沈明

沈明

鲁普耐特集团有限公司董事长沈明在20余年的时间里，领导公司从加工制造型小厂成长为全球高端"绳、网、线、带"集成化服务商，公司现为国家制造业单项冠军示范企业、国家科技进步二等奖获奖单位、国家体育产业示范单位、中国绳网研发基地、中国产业用纺织品行业"十三五"领军企业，旗下子公司山东鲁普科技有限公司现为国家专精特新"小巨人"企业。

公司产品涵盖"绳、网、线、带"四大类别，服务航空航天、军工科技、海工船舶、安防应急等三十六大应用领域，畅销全球110多个国家和地区，现已成为一家集科技研发、生产制造、装备研制、全球贸易、技术服务、文创旅游、教育培训、艺术文化等于一体的综合性国际化集团企业。

◆ 打破国外垄断高端绳缆市场局面

沈明领导下的鲁普耐特集团有限公司，高度重视绳缆产品的研究开发工作，是国内绳缆网产业领域新产品开发的推动者和引领者，公司自主研发生产的船舶缆绳通过CCS、Class NK、RS、BV、ABS、LR、DNV·GL等船级社认证，安全用绳通过UL、CE、3C和UIAA认证。

在高端绳缆网产品领域，沈明领导公司瞄准国内不能自主研发生产、长期依赖进口的短板产品，加大研发力度，集中力量攻关，开发出一批填补国内空白、替代进口的高端绳缆产品，如空间卫星垃圾回收网、登山绳、矿用耙装绳、深海浮标系泊缆等，抗浒苔绳网产品填补了国内海洋养殖用绳网领域的空白，安全预警缓弹耐疲劳系泊缆绳填补了国内海洋系泊行业空白，深海智能剖面浮标系泊缆实现国产替代进口并产业化，应急救援绳产品达到国内领先水平。公司产品均达到国内领先、国际先进水平，在细分领域实现了关键技术首创，打破了国外企业垄断高端绳缆市场的局面。公司与子公司山东鲁普科技有限公司先后荣获2021、2022年度中国纺织工业联合会产品开发贡献奖。

沈明重视品牌建设工作，为了加强公司品牌管理，保护品牌商标专用权，保证产品质量，维护品牌信誉，促进公司的可持续发展，制订了系统规范的"品牌商标管理制度"，并设置专职企业品牌管理部门，加大对公司商标品牌的保护力度，大力积极扶持培育"鲁普耐特"商标的品牌。同时，不断加大广告宣传力度，稳固提高产品质量，持续提升"鲁普耐特"品牌在国内外市场的知名度。

沈明领导公司布局国际国内品牌37个，申请商标161项，构建了以"鲁普耐特"为主，包括"力博龙""固特安""永佳"等系列的品牌体系。2012年"鲁普耐特"被山东省工商行政管理局认定为"山东省著名商标"，2017年被国家市场监督管理总局认定为"中国驰名商标"。2019年，公司被山东省市场监督管理局认定为"山东省制造业高端品牌培育企业"。

◆ 科技创新　确立"人才强企"战略

沈明领导公司确立了"实施创新驱动、打造科技型企业"的发展战略，组建了一支由国家科技部万人计划人才、泰山产业领军人才、教授级高级工程师和博/硕士组成的核心研发团队，拥有"中国绳网研发基地""中国纺织行业工业设计中心""山东新材料绳网研究工程实验室""山东省企业技术中心""山东省工业设计中心"等多个国家级、省部级科技研发平台，设有行业一流的研发中心与检测中心，引进和聘请国内外行业与知名院所的专家教授组成项目专家顾问团队，建立产学研用模式，实现技术的突破与创新，先后承担了十几项国家级、省部级重点科技研发项目。

公司与中国水产科学研究院、国家海洋局、东华大学、浙江理工大学等科研院所和高校开展产学研合作，攻克多项技术难题。2018年，获得国家科技进步二等奖。公司现拥有各类专利授权300余项，其中发明专利58项。2021年11月，公司被中国纺织工业联合会认定为"2021年纺织行业创新示范科技型企业"。

沈明领导公司确立实施人才战略，重视人才队伍建设工作，确立实施"人才强企"战略，践行"人人是人才，显现是关键"的用人理念，逐步建成了一支行业内技术水平领先、年龄分布合理、综合素质较高的专业人才队伍。沈明荣获中国纺织工业联合会颁发的"2022中国纺织行业人才建设贡献人物"荣誉称号，公司旗下子公司山东鲁普科技有限公司被中国纺织工业联合会评为"2022中国纺织行业人才建设优秀单位"。

在人才培养与团队建设方面，公司通过研发、生产和服务积累了大量的绳网制造与服务的技术与经验，在绳网工艺技术研究、生产加工制造、性能指标检测、用户技术服务等领域培养出一大批绳网产业专业技术人才，包括研发工程师、工艺工程师、质量与检测工程师、营销工程师、技术服务工程师以及绳网制造专业技师等，培养建立了一支代表中国高性能绳网行业先进水平的绳网研发检测和售后团队。

在高端人才引进领域，公司先后引进国际知名绳缆专家尼克·奥黑尔先生、中国科学院宁波材料技术与工程研究所研究员美籍华人余海斌先生，合作开展海洋工程、海洋牧场领域高端绳缆网产品研发与产业化项目，有效推进了公司技术攻关与产品研发工作的开展。两位外籍专家均被山东省工信厅认定为山东省泰山产业领军人才，尼克·奥黑尔先生本人先后获得山东省"泰山产业领军人才"、泰安市"泰山友谊奖"、山东省"齐鲁友谊奖"等荣誉。

◆ 肩负行业责任　践行企业社会责任

沈明不仅领导鲁普耐特集团有限公司做大做强，更对整个产业用纺织品行业作出了巨大贡献。公司主营的绳缆网产业，属于产业用纺织品行业下的小众门类，长期以来缺少统一的行业协会进行协调管理。为了更好地促进行业发展，沈明于2016年主导成立了中国产业用纺织品行业协会绳缆网分会并当选了第一届理事会会长，先后多次举办国际绳缆网大会等高端行业学术论坛会议活动，有效促进了绳缆网行业、产业用纺织品行业的学术交流。

公司创立之初，我国绳缆网企业产品普遍集中于低端领域，在技术水平、材料应用等方面普遍落后于西方发达国家。公司通过科技研发，掌握并产业化应用实施了多项新材料高性能绳缆网领域核心先进技术，研发出多款填补国内空白、打破国外垄断的高端绳缆网产品，大幅度缩小了该领域我国与西方发达国家的技术差距。公司被中国纺织工业联合会认定为"中国绳网研发基地"。

沈明领导公司积极践行企业社会责任，严格按照国家相关法律法规要求，在生产经营过程中积极做好环境保护评价、安全评价、消防设计、水土保持、能源评估等工作，坚持绿色生产、安全生产。

公司立足企业发展、秉承家国情怀，把企业发展同国家繁荣、民族兴盛、人民幸福紧密结合在一起，主动为国担当、为国分忧，积极参与社会公益扶贫。2014年，成立鲁普耐特慈善基金会，积极投身慈善事业；同时积极投身"百企帮百村"扶贫行动，在国家级贫困县东平县建立绳网产业园，解决当地贫困人口就业难题，积极通过组织联建、产业联姻推动该村脱贫致富。

创新无止境　创业不停步

宁波慈星股份有限公司董事长　孙平范

20世纪90年代，一位自小跟着外公学习制作手摇横机，17岁即以"横机小神童"而闻名乡里的青年，以制作手摇横机开启了自己的事业之路。意气风发的青年凭借着30年艰苦卓绝的技术创新，带领着企业跻身全球纺机制造"豪门"之列，让中国纺机制造重返世界高手之林，更以"中国智造"引领行业创新潮流。他就是孙平范，宁波慈星股份有限公司（以下简称慈星）董事长。

孙平范

◆ 矢志不渝　铸就行业单项冠军

1990年，20岁的孙平范只身前往当时针织企业集聚的浙江台州，开始了他人生中的第一次创业。

彼时是中国纺织业井喷式发展的序曲，横机的市场需求也跳跃式增长。年轻的孙平范凭借着自身的技术优势把握住了这份巨大的时代红利，赢取了人生的第一桶金。

2003年，事业初成的孙平范回到了家乡宁波慈溪，再度创业成立宁波市裕人针织机械有限公司（慈星前身）。放弃小有成就的产业再起炉灶，这完全不是少年即老成的孙平范的风格。事实上，孙平范在布一个更宏大的局。

闯荡商场多年，孙平范的视野和商业敏锐性都得到了极大的提升。他预见到全电脑横机取代手摇横机是不可逆的大趋势。届时，中国横机的市场将是外企"一统天下"。形势严峻，孙平范破釜沉舟，拿出自己10余年的财富积累，并抵押房产进行融资，以创立新企业全力投入全电脑横机的研发。

当时，慈星的自主研发能力还很薄弱。孙平范东奔西走，引入国内外技术专家作为外援。为了研发，连续300多天，他和技术团队、外援专家都泡在工厂里。

2004年，慈星实现技术突破，其自主研发的第一台国产电脑横机问世，一举打破了国外产品垄断市场的格局。技术品质过硬、价格比同类国外品牌更具优势的慈星横机横扫市场。2009年，国产全电脑横机销售量超过进口设备，确立了市场王者地位。慈星也一跃成为国内智能针织装备的龙头企业。

孙平范这次"豪赌"式的技术创新，不仅创造了巨大的财务回报，更重要的是慈星自己的技术团队在这次"冲锋"中成长并成熟。巨大的成功，也越发坚定了他"掌握核心科技，引领行业发展"的经营理念。

◆ 全球并购　从"制造"蜕变为"智造"

虽然慈星实现了全电脑横机的单点突破，但已决意逐鹿全球的孙平范深知，中国纺织机器制造行业和拥有百余年发展历史的西方同业相比，差距是明显的。"智能化针织机械产业是技术高度密集型产业。企业要领先，研发速度一定要快。而这个行业核心技术的研发周期长达三五年。只靠慈星当时的技术力量，企业完全不可能在短期内追上国际第一梯度。"作为企业掌舵者，孙平范更明白国际竞争不仅是技术的竞争，更是产能、市场营销等全生产链的竞争。

孙平范很快确立了慈星征战全球的策略，着手进行海外并购。2008年，全球金融危机爆发，孙平范"抄底"的机会来了。2010年，慈星全资收购世界第三大电脑横机制造商——瑞士事坦格集团及其下属产业。这次并购使慈星在产能、技术及国际营销网络、品牌力等方面都有了长足的进步，为其国际化发展奠定了坚实基础。另外，慈星的主打产品——电脑横机也借势进军国际市场。

这次并购让孙平范确立了"对外扩张、业内兼并"的国内外双品牌战略。基于这一战略。孙平范又参股了意大利Logica公司，建立了独有的国内外双品牌合作研发机制，此举使得慈星占据了制板软件研发的制高点。而慈星欧洲研发中心的设立，表明了慈星全球技术创新体系的初成。

通过并购与自建，孙平范不仅将商业版图扩展到全球，更是为慈星构建了完善的技术创新体系，使其拥有强大而持续的技术创新能力，支撑慈星在这个"技术为王"的时代从"中国制造"升级为"中国智造"。以慈星为代表的中国企业的崛起，使得横机产业的全球市场从各自争锋的"战国时代"迈入以中、日、德为代表的"三国时代"。

◆　布局前沿　赢在未来

近十年来，新科技层出不穷，无论是国家层面还是企业层面，"科技创新"都成为备受关注的发展趋势。孙平范在确保企业高速前行的同时，在慈星推行了"内外兼修"：于外，慈星于2012年成功上市，慈星再度爆发式发展有了坚实的经济基础；对内，孙平范成功将企业从"制造业"转型为"制造服务业"。孙平范为慈星成长成巨人企业做了充足的准备，一切只需"等风来"。

2015年，"2025中国制造"强国战略推出。一夜东风，孙平范早已布局的工业机器人战略快速展开。众所周知，中国在互联网领域的创新有目共睹。同样，工业互联网将是下一个发展热点。中国企业在此领域的创新也早已启动。2014年，孙平范开始试水制造业的个性化定制。在他的倡导下，慈星从用户个性化需求切入，借鉴"互联网+"思维，基于智能化设备，再融合云技术等多项高科技，让针织产品的大规模快速个性化定制成为现实。这项创新颠覆了传统针织鞋服的生产和分销流程，并极大提升了产业链运行效率。

慈星的技术创新取得了丰硕的成果。至今，慈星已申请专利1200余项，获得授权发明专利140余项，各类软件著作权60余项，获得国家科技进步二等奖等荣誉。

历经30年发展，正因为众多如孙平范一样的中国企业家的锐意创新，才让中国制造在短期内从追赶国际同业到与他们平分秋色，再到今日成为全球创新标杆。

孙平范常说：方向对了，路就不远。他心中一直有一个将慈星打造"巨人"企业的梦想。近年来，慈星正倡导对传统针织行业进行数字化改造。在产品生产全流程数字化的背景下，运用大数据对针织服装产品的流行趋势进行研判成为可能。目前慈星已经实现了车间和工厂生产管理的远程管控，以及实时生产数据的结构化和可视化处理，为管理者提供决策依据。不仅仅是在生产环节提升效率，慈星也希望通过大数据赋能，改变原有的生产和决策范式。

核心技术的研发是慈星可持续发展的根基，未来，慈星将进一步加大科技和创新投入，不断完善和优化软硬件系统，进一步提升效率、降低成本，为客户提供更高性价比的产品；加快针织数字化工厂解决方案的迭代和推广，实现针织制造业的转型升级。慈星正由单纯的设备制造商成长为制造业服务商，把硬件产品融入整体解决方案里，帮助客户提质增效，实现高质量发展。

◆　坚持绿色发展　彰显社会责任

孙平范带领企业绿色、低碳发展，慈星建立了质量、环境和职业健康安全管理体系，制订了管理规范、管理手册及相关的程序文件，并通过了质量管理体系、职业健康安全管理体系和环境管理体系的第三方认证。企业还根据《能源管理体系》（GB/T 23331）要求建立了能源管理体系，并通过了第三方认证。

慈星还针对行业关心的自动化、电脑控制智能、一线成衣等先进技术研究，结合绿色材料选择、绿色工艺开发、绿色包装等绿色设计方法和技术，开发绿色先进的绿色产品，不断完善绿色设计研发数据库。慈星于2020年末被工业和信息化部认定为国家级"绿色工厂企业"。

孙平范作为民营企业家的杰出代表，多年来在"慈善公益"和"光彩事业"上用心用力，用一颗感恩的心回馈社会大众，充分表达了孙平范乐于奉献、勇于承担社会责任的美好情怀。孙平范始终把"贡献国家、回报社会"作为应尽的义务与责任，历年来向社会各界累计捐款达2000余万元，为此荣获第四届"宁波慈善奖"（最具爱心捐赠个人奖），慈星荣获"中国红十字奉献"奖章。2019年又协议捐资2000万元支持宁波大学科技学院建设，最近4年已累计捐款1266万元，为家乡的慈善和社会发展事业作出了较大的贡献。

孙平范被誉为"中国电脑针织横机第一人"。孙平范长期潜心研究电脑针织机械的结构和编织原理，深入分析研究了国内外电脑针织机械技术，提出了全自动针织横机的总体设计思想，领导整个项目团队对全自动针织横机进行全面攻关，产品从突破国外专利技术保护和攻克行业共性关键重大疑难问题入手，打破了发达国家的技术垄断，全面实现了新型全自动电脑针织横机的国产化，产销量达到全球第一，产品综合性能达到国际领先水平，产品荣获国家科技进步二等奖，慈星被工业和信息化部认定为国家制造业单项冠军示范企业。

为适应智能制造和智能工厂新趋势，近年来，孙平范又主持研发了全成型电脑针织横机，实现一线成衣，取消套口、缝合等复杂工序，节省人工和成本，使针织工厂成为无人智能工厂成为可能。这又是一次划时代的革命性创新，项目产品被认定为国内首台套装备，极大地提高了产品的自动化、智能化水平，不断推动纺织行业技术进步和高质量发展。

打造长丝织造行业龙头地位

岜山集团有限公司董事长　孙正

自2004年，孙正任岜山集团有限公司（以下简称岜山）领导工作开始，亲自主持化纤长丝织造板块的生产经营。孙正一直注重资源循环利用，强调企业科技创新，注重绿色低碳持续发展。

孙正

◆ 行驶在绿色低碳跑道

在纺织行业节水增效、废水循环利用领域，2000～2016年，孙正主导了织造废水回用设备的两次升级改造，2017年与东华大学环境工程学院进行技术合作实施上浆废水单独处理项目，主持岜山下属单位淄博岜山水处理有限公司与山东环境科学院合作的日处理1万吨生活污水厂提标改造项目，使处理后水质达到织造公司再生水使用标准。自主研发的喷水织造废水处理回用技术列入2014、2019、2021年度《国家鼓励的工业节水工艺、技术和装备目录》。2020年自主研发的"喷水织机废水处理集成回用装备"列入《国家鼓励发展的重大环保技术装备目录（2020年版）》。

岜山下属企业淄博岜山织造有限公司于2020年被工业和信息化部、水利部、国家发展改革委、市场监督管理总局认定为"全国重点用水企业水效领跑者"，被中国纺织工业联合会授予2020年度"纺织行业节水型企业"称号，2022年被工业和信息化部定为全国工业废水循环利用试点企业（全国仅29家）。淄博岜山织造有限公司涤纶长丝塔夫绸（坯布）被工业和信息化部列入2022年度绿色制造名单（绿色设计产品），是化纤长丝织造产品唯一入选企业。2023年，"喷水织造废水处理回用集成技术提升项目"被列入山东省技术创新项目。2023年，淄博岜山织造有限公司获得淄博市"绿色工厂"称号。

在减碳方面，岜山不断加大资金投入。自2012年陆续对原日光灯管进行升级改造Led，现更换8690条灯管，年节约电费56万元。自2015年引进艾诺电子双喷储纬器150套，共开发双喷品种50个。较传统风机储纬器，年节约电费85万元。自2016年，邑山进行水帘空调升级改造项目。与原轴流风机纺织空调设备相比，年节约水电费116万元。2019年，用天然气锅炉自产蒸汽代替外购蒸汽。2021年，利用反渗透技术取代阳离子软化和电渗析脱盐工艺，年节约成本172万元。

◆ 构建邑山品牌核心价值

在孙正的领导下，公司注重产品研发，产品质量与服务质量并重。主要产品为塔夫绸系列织物，品种达上千个。产品主要供应杭州天堂伞业集团有限公司、迪卡侬（上海）体育用品有限公司、乔丹体育股份有限公司等国内外多家品牌厂家，在国内外纺织品市场上享有极高的市场信誉和良好的产品知名度。化纤长丝织造产品荣获17项面料精品奖、19项面料精品金奖。淄博邑山织造有限公司自2013年起连续4次获得"中国化纤长丝塔夫绸面料精品生产基地"称号。

近年来，孙正坚守环保理念，响应循环经济建设，专注研发新型的绿色再生环保面料，这种再生纤维面料的材料使用回收料（PET瓶片、泡料等）再造粒拉丝形成的再生涤纶，保证了原料的无害性、低碳性。

同山东轻工职业学院建立"淄博化纤长丝织物设计与加工技术研究中心"，强化了新产品的研制与开发。

孙正专注构建邑山品牌的核心价值，突出品牌个性化。邑山下属企业淄博邑山织造有限公司织造产品的高质量恰好满足高端品牌制造商的需求，通过了ISO 9001：2015质量管理体系，ISO 14001：2015环境管理体系、OHSAS18001：2007职业健康安全管理和ISO 5001：2018能源管理体系认证，并取得IDFL公司GRS全球回收标准认证证书。邑山从一个缺水、缺钱、缺粮的小山村走出来，在领导、干部、员工的努力下，成长为化纤长丝织造行业龙头，并在节约水资源、保护环境方面不断进行技术创新，走在行业前列。

在孙正的领导下，邑山连续两届获得"全国纺织行业质量奖"（2014—2018年、2019—2021年），被中国纺织工业联合会授予"纺织行业水效领跑者"（2017年），并荣获"十三五"长丝织造行业绿色发展示范企业（2021年）、"全国纺织行业绿色发展劳动竞赛节水标杆企业"和"低碳企业"（2022年）称号。作为主要负责人，孙正主持工作的"邑山集团有限公司喷水织造废水处理回用技术研究中心"于2023年被中华全国总工会命名为"工人先锋号"。

◆ 注重高素质行业人才培育

孙正认真学习、贯彻践行党的十八大、十九大、二十大以来习近平新时代中国特色社会主义思想。加强基层党组织建设，贯彻中国纺织工业联合会的发展规划和工作指导方针，团结广大党员、干部和群众。以绿色、低碳、高质量发展为工作核心，精细组织单位生产经营，遵纪守法，在工业节水、废水处理后回用、节能和产品创新等方面取得了大量积极创新成果，受到了各部委、中国纺织工业联合会的肯定和支持。2020年，中国纺织工业联合会、中国纺织职工思想政治工作研究会授予邑山集团有限公司"全国纺织行业党建工作先进单位"称号。

在孙正的主导下，邑山同山东轻工职业学院合作建立"淄博化纤长丝织物设计与加工技术研究中心"，注重高素质纺织人才的培养，并获得中国纺织工业联合会颁发的"中国纺织服装人才培养基地"称号；与东华大学进行工业废水处理的技术合作，并被聘为东华大学纺织硕士研究生校外指导导师，负责驻厂研究生的技术指导学习。为公司员工提供各种内外培训机会，以适应岗位技术要求和企业发展需求。抓职工技能培训，参加了5届全国纺织行业职业技能竞赛，7人被授予"全国纺织行业技术能手"，17人被授予"全国长丝织造行业技术能手"称号。

孙正获得"中国纺织工业协会科学技术进步奖三等奖"（2007年）、"全国纺织工业劳动模范"（2016年）、"全国纺织行业质量杰出人物"（2016年）、"全国纺织行业水效推进先进个人"（2017年）、"全国纺织行业抗击新冠肺炎疫情先进个人"（2020年）、"十三五化纤长丝织造行业优秀企业家"（2020年）、"山东标准化协会优秀工作者"（2021年）、"全国纺织行业绿色发展劳动竞赛节水增效先进个人""节能降碳先进个人"等荣誉称号。

弘扬爱国奋斗精神　建功立业新时代

兰州三毛实业有限公司副总经理　王立年

兰州三毛实业有限公司（以下简称三毛实业）是中国西部地区唯一一家集条染复精梳、纺纱、织造、染整为一体的全能型毛精纺织企业。甘肃省省级工业设计中心兰州三毛实业股份有限公司产品设计开发中心主任王立年带领开发团队大胆探索创新，不断地在毛精纺领域进行新原料、新工艺、新技术产品的开发与技术攻关工作。在他的主导下，金属丝、牛奶、

王立年

玉米、桑丝蛋白、特雷维拉、抗紫外线、保暖、柔丝、铜氨、钻石丝、珍珠翡翠、Outlast、汉麻、竹炭、保暖、温控、大豆、玉米、天竹、石墨烯等新型纤维被大量用于毛纺面料。机可洗、可喷淋、水洗、自然弹、抗敏、抗静电、抗紫外线、防油烟味、芳香、纳米防水、抗菌等多功能系列产品成功实现大批生产。

◆ 干一行　爱一行　精一行

王立年2000年毕业后带着甘肃省优秀学生的荣誉被三毛实业聘用，成为一名国企职工。上班初始，他抱定"是金子总会发光"的信念，踏踏实实从事一线挡车工作。在平凡的岗位上，他干一行，爱一行，精一行。除了认真苦练岗位技能，还利用业余时间进一步学习专业知识，将实际工作与专业知识相结合，通过提高操作效率、合理安排操作流程，经过一年时间，他已成为同岗位产量、质量的佼佼者。在工作中他苦活累活抢着干，他的认真、勤奋得到了同事和领导的认可，一年后担任了质检员、总质检的工作，负责日常质量管理和员工技术培训。

新的岗位、新的挑战，为了能胜任岗位要求，他主动学习20多个岗位的操作技术，功夫不负有心人，在很短的时间内，他掌握了所有工序的操作技术、质量控制。

他的工作得到了各岗位师傅们的认可。此时正是公司承担国家技术改造升级项目"顶替100万米进口面料"设备升级时期。公司从国外进口了大量先进设备，安排他跟随国外专家学习、消化吸收新设备操作、工艺知识。通过认真学习、总结，他完成了十多个岗位和设备操作规程的制定，为设备的正常使用和员工培训奠定了基础。

◆ 开发新品　提升市场占有率

机会总是留给有准备的人，日常的踏实好学，再次让他抓住了命运转变的机会。2002年，公司面向全公司招聘毛纺研究院产品设计开发人员，他以笔试第一的成绩被选调到设计岗位。这是公司技术核心部门，面对新的岗位，他感受到了理论水平的差距。在师傅和同事的帮助下，《纺织材料学》《纺织工艺学》《纺织染整工艺》等纺织专业书籍走进了他的业余生活。理论知识的加强使他的技能有了极大的提高。在工作中，王立年认真总结、积累，晚上常能看到他加班的身影，勤奋思考的习惯让他不断进步。通过认真观察将电脑知识与纺织设计知识进行整合，他配合信息编程人员完成了设计程序开发，将设计人员的工作效率提高了2倍以上。2009年，他被公司任命为市场服务部副部长，通过与市场的近距离接触，他更加了解了市场和客户的需求。王立年认真进行管理学和财务学的业余学习。2014年，公司为进一步加强新品创新开发能力，新组建了产品设计开发中心，他被公司任命为主任。

他带领团队共同进步，为企业的创新开发工作作出突出贡献，使企业获得各种荣誉的同时，稳固并提升了产品市场占有率。所开发的金属丝形态记忆面料、多功能产品、多元组合休闲产品、优亮涤纶礼服面料、ECO WASH机可洗羊毛面料、功能性毛精纺面料填补了毛精纺行业、省内毛纺行业的空白，创新产品毛精纺柔丝系列填补了毛纺面料衬衫市场的空白并保持市场占有率第一，引领国内毛精纺衬衫面料的开发方向。羊绒围巾系列产品的开发为企业提高产品附加值、品牌知名度提供了有力支撑。"兰州花呢"系列产品立足西北羊毛产地优势，将国产毛劣势通过产品开发设计转化为产品风格，有效扩大了国产毛在毛精纺领域的应用范围。王立年主持公司技术人员进行了羊毛极限超高支全毛400支产品的试制，从原料、纺纱、织布、后整理全线进行了创新与攻关。在他的带领下，开发团队所开发、打样的新品为公司承接大批面料订单达500万米以上，销售金额达到3.5亿元以上，为企业创造利润3000万元以上。

在新品支撑下，三毛实业产品荣获中国国际面料设计大赛银奖、中国流行面料优秀奖、全国毛纺"唯尔佳"优秀新产品评比特等奖、中国毛纺协会面料评比"客户最满意大奖""精品奖"和"优质奖"、中国面料之星"最佳创新开发奖"、首届中国生态环保面料设计大赛"最佳生态环保技术应用奖"和"优秀奖"、中国时尚面料设计大赛优秀奖、甘肃省首届"创新杯"工业设计大赛"优秀奖"。2018年，公司产品设计开发中心被评为省级工业设计中心。

◆ 用业绩体现人生价值

　　王立年在平凡的岗位上用实际行动演绎着平凡但又不凡的人生与业绩，以勤奋好学、踏实工作体现人生价值，以青春年华、拼搏创新书写魅力人生。由他主持或参与的论文《毛/金属丝包芯纱交织花呢的设计与生产》《牛奶蛋白纤维纱线的开发与纺纱技术改进》《羊毛/涤纶/竹浆纤维精纺纱的生产技术》《毛麻合股纱的设计与开发》《牛奶蛋白复合纤维/羊毛混纺纱线的开发》《竹纤维"三合一"混纺纱的生产技术》等发表在全国毛纺年会文集、毛纺科技、中国纱线质量暨新产品开发技术论坛论文集等专业期刊。

　　2016年，王立年在第四届"'金梭奖'全国十佳纺织面料设计师"评选活动中荣获"'金梭奖'全国入围纺织面料设计师"称号。2018年作为第一专利发明人取得《一种高档毛精纺衬衫面料》《面料（色彩变化格）》两项专利。多次获得公司"先进生产者""优秀党务工作者"，所在党支部多次被评为"优秀党支部"。

　　十几年来，王立年不知放弃了多少探亲假、公休假。自己年幼的孩子在冬日的清晨，独自背着沉重的书包走在上学的路上，他看着同龄孩子在家长的陪伴下走向学校，只能在心中对孩子说声对不起。遥远的父母孤独地生活在无法割舍的老家，在父亲脑中风住院时，王立年还在出差的行程中，他只能在心中对父母说声对不起。他的青春没有轰轰烈烈，但他用勤奋取得了可喜的工作业绩，用业绩体现了人生的价值。王立年深知一名党员就要体现先进性，一名员工就要将企业利益放在首位，就要在企业的发展中发挥才能，他的青春无怨无悔，他用实际行动实践着新时代爱国奋斗精神。

做行业标杆　众华与世界同"布"

浙江众华家纺集团有限公司董事长　魏中华

魏中华，现任浙江众华家纺集团有限公司董事长。先后被评为"中国轻纺城优秀经营户""浙江省杰出青年企业家""绍兴市文明青年""绍兴县劳动模范""中国最受关注的企业家""全国优秀纺织企业家""改革开放40年家纺行业突出贡献人物"等荣誉称号。

魏中华

◆ 重视研发创新　开创家纺窗帘行业从无到有

中国是一个纺织大国，中国的纺织在世界上占有重要地位。魏中华所创立的浙江众华家纺集团（以下简称众华家纺）是专门生产家用纺织品、窗帘布、窗纱等产品的集团公司，有从研发、制造到后整理为一体的完整产业链，是集纺织、刺绣、印染、投资等于一体的综合性企业。众华家纺的主业是生产家用纺织品，以前看重的是内销加出口两个渠道，现在是多元化平台，线上加线下"两条腿"走路。在家纺窗帘这个行业，众华家纺具有代表性。

中国的家纺行业，传统产品是床上用品、沙发布、被套等，窗帘所占比例很小。以前人们只能讲求吃饱穿暖，没有多少人去关注窗帘。到了20世纪90年代初期，窗帘才真正开始发展起来，当时只有经编布、丝绒布等产品。随着人们生活水平的提高和消费观念的改变，开始有了窗帘的厚布和窗纱之分。众华家纺是窗纱行业的开拓者，其刚开始用经编布做窗纱，后来创新用薄布来做窗纱，开创了中国窗纱基地。

早期开发的窗帘布只有1.5米的门幅，这个宽度有很大的局限性，特别是农村的房子开间一般为3.6米、3.8米，大小不一，参差不齐。在20世纪90年代初，众华家纺开始尝试开发门幅3米的窗帘，那时候3米及以上的纺织机基本都是生产服装面料，没有生产宽幅窗帘布的，魏中华就尝试如何把两幅做成一幅。布生产出来以后，又遇到了问题：当时国内定型机没那么宽。为了解决这个问题，魏中华专程去国外考察学习，经过反复研究和深入调查，进口了3.2米及以上的特宽幅定型机，从而解决了门幅尺寸受局限的问题，成功研制出3米、3.3米等多种尺寸窗帘。

◆ 深耕家纺领域　带动轻纺市场品牌从弱到强

1992年，魏中华在轻纺城市场主要做家纺产品，当时市场上窗纱基本只有经编布，那时魏中华考虑能不能在轻纺城市场经营薄窗纱这个产品。当时的轻纺城工商所濮耀胜所长，他对这个家纺市场很重视，也非常有魄力，鼓励魏中华大胆尝试建立一个专业的家纺市场。魏中华是第一批到北区市场开拓经营窗帘布的经营户，当时市场公司在北区3楼拿出两个区域来开发经营窗帘。魏中华是第一批入驻的窗帘经营户，并带了30多个经营户在北区3楼做起了窗帘布生意。刚开始以经编布、丝绒布及海宁的提花厚布、金丝绒、印花布、广东印花布等为主要经营品种，轻纺市场窗帘就这样慢慢起来了。

魏中华是最早经营家纺绣花窗帘产品的，当时的绣花产品只有像上海、山东、江苏的一些国有企业才有刺绣机。他们的产品除了放到大商场代售外，主要做配额销往国外市场。当时国内还没有专业生产多头多色的刺绣机工厂，进口刺绣机又比较昂贵，大机要几百万，小机少则也要几十万。魏中华最早做刺绣窗帘是到上海这些国有企业中加工成品，然后在轻纺市场销向全国各地。随着生意慢慢做大，客户的需求不同，魏中华碰到的一个最大瓶颈就是当时这些刺绣企业生产的窗帘都是成品，门幅又都是1.5米的，而家庭窗户宽度基本都是3.05米、3.3米、3.6米，高度又有2.5米、2.7米、2.8米，各不相同。两幅窗帘如果不拼基本不够长度，如果拼缝又不美观。为了解决这个问题，魏中华开始研发宽门幅的窗帘和能连幅绣的刺绣机，宽幅的布用原进口宽幅的纺织机，魏中华把两幅做成3米门幅的窗帘布，没有连幅绣的多头多色绣花机，就和当时生产少头单色的刺绣机企业合作，经过2年多时间的共同研发，终于生产出了15个机头、6个色系的多头多色刺绣机连幅绣，解决了当时窗帘门幅窄、刺绣不能连幅的瓶颈。这样一来，窗帘就可以横过来挂，门幅3米作为高度，长度可以无限制，窗帘既美观又实用，从而使得窗帘市场迅速发展起来。

1995～2000年，窗帘厂家如雨后春笋般发展起来，行业进入鼎盛时期，柯桥轻纺城北区市场从3楼发展到2楼又到1楼，最后1~3楼全部都是窗帘厂家，从几十家发展到上百上千家。当时市场主体是个体经营户，除了绍兴柯桥当地人，还有四川、安徽、湖北、乐清等全国各地的个体经营户，都来此做生意。

魏中华在轻纺市场最早注册"众华"牌商标，最早被认定为省著名商标，也是最早被认定的家纺窗帘行业中国驰名商标。

◆ 构建行业标准　促进现代窗帘生产从繁到简

众华家纺发展多年，一直非常重视产品的研发和创新。众华家纺的目标是让中国悠久的纺织装饰品发扬光大。以前提倡要做到"人无我有""人有我精"，后来提出要做到"人有我创"，与世界同"布"，企业要引导消费、创造消费、激发消费。这些理念促使众华家纺一直在行业内引领时尚，做行业的标杆。

中国的窗纱研发基地在众华家纺里，2012年众华家纺制定了窗纱行业标准，2019年制定了成品窗帘标准体系，随着成品窗帘行业标准制定实施，现在行业成品窗帘生意成倍增长。近些年来，随着消费群体的改变，消费方式也在改变，以前买窗帘直接到窗帘布市场，而现在基本都是在网上购买。在网上销售窗帘如何减少双方理解不一致、如何减少购买后的纠纷呢？所以降低网上购买成品窗帘投诉率，成为众华家纺要解决的主要问题。

为了制定成品窗帘标准，由中国家纺协会牵头，会同阿里巴巴窗帘部，由阿里巴巴提供"90后""00后"年轻人2018年以前在网上购买窗帘的数据，以及国外或北京、上海等城市购买定做窗帘的数据做统计分析，会同行业内的一些企业，经过一年多研究、起草、制定、发布了成品窗帘标准，最终汇编成行业标准，使成品窗帘得以快速发展，也为市场更加规范、健康地发展奠定了基础。现在窗帘销售只要消费者提供尺寸，48小时就能做出来，并送到消费者手上。

在企业发展道路上，众华家纺根据市场变化和企业自身发展的情况不断调整内销及出口比例，做好国外国内双循环，努力从中国制造发展为中国创造，使中国的家纺行业健康持续发展。

一个城市的发展靠人才，活力靠创新。如何让本地年轻人留下来，让外地年轻人来柯桥创业，魏中华认为这是当下政府和企业值得思考和研究的问题。现在是全球经济一体化时代，众华家纺作为家纺行业的龙头企业，也要为行业发展和地方经济腾飞作出不懈努力，创出更大的业绩。

成功源于以市场为导向的全方位创新

河北宁纺集团有限责任公司总经理　徐建林

近年来，面对国际政治格局百年变革与国内经济调整等多重因素的叠加影响，河北宁纺集团有限责任公司（以下简称宁纺）总经理徐建林认真学习习近平新时代中国特色社会主义思想，确定了"党建引领，文化铸魂，创新驱动，绿色发展"的指导思想和"聚焦市场，坚守品质，精细管理，创新突

徐建林

破"的经营总方针，围绕"绿色、科技、时尚"的行业定位，不断推进科技创新、产品研发、管理创新、品牌培育和人才建设，宁纺为国纳税在河北省纺织行业和邢台市均位居前列，中国纺织企业影响力500强榜单，连续多次入列中国印染行业30强、河北省制造业民企百强、河北省民营企业社会责任百强，获得全国纺织行业党建工作先进企业、全国纺织劳动关系和谐企业、中国流行面料入围企业、河北省知识产权示范企业、河北省扶贫龙头企业、河北省慈善企业、河北省纺织行业捐助抗疫先进集体等荣誉称号。徐建林荣获2021全国纺织行业年度创新人物、河北省纺织服装行业领军人物等称号。

◆ 打出多套组合拳　纺织效益增长30%以上

近年来，宁纺紧跟国家政策，以市场为导向，深入推进管理、技术、机制等创新，不断在变局中开新局，在危机中育先机。面对诸多挑战和冲击，2021年宁纺进行了一系列的创新与改革，为企业"十四五"高质量发展开了一个好局。同时，宁纺大力推进装备自动化、智能化和信息化。在徐建林的积极推动下，宁纺累计投资1亿元，完成了棉织和服装车间数字化建设，新上智能化纺纱项目、百台高速喷气织

机项目、服装车间智能化提升扩能项目，以及印染设备升级、热电湿电除尘提升。与此同时，宁纺还先后引进一大批代表行业领先水平的纺织染整设备、自动化料配送系统、退煮漂生产线自动补液系统以及全自动服装吊挂流水线，主要生产设备均达到国际或国内先进水平，纺纱生产效率提高了43%，减少用工30%以上；布场生产效率提高了3~4倍；印染能耗降低40%以上，服装生产效率提高了25%，质量提高了5%，用工水平降低了12.5%。

徐建林积极推动企业多元化发展，投资2.3亿元用于项目建设。其中，汉唐宏远脱硝催化剂再生项目二期工程、优艾斯电器云母发热板项目已投入运行，鼎瓷电子陶瓷基板二期工程——HTCC多层陶瓷封装基板、基座(外壳)产业化项目开始试生产。智能化酿造车间项目入列省级农业产业化重点项目，并正在加紧推进。泥坑酒文化产业园被认定为国家AAA级旅游景区。宁纺通过国家高新技术企业、河北省绿色工厂认定，获评河北省"专精特新"示范企业。

徐建林努力推进实施宁纺"三品"战略，先后组织技术人员开发了婴幼儿袜子用纱，以及攀岩安全绳、高尔夫球内胆、人民币币版涂层布等特殊工业布用纱，大麻有机棉牦牛绒8条等高附加值产品200多款。特别是大麻有机棉牦牛绒8条获中国优秀印染面料一等奖，另有13款产品获二等奖等奖项。宁纺多次荣获中国面料之星优秀奖，获评中国优秀面料入围企业。

通过产学研结合、"引进来、走出去"和人才培养、引进"两条腿走路"，宁纺打造了完善的科技创新机制，取得国家专利123项，1项专利首获中国专利奖，4项创新成果被分别认定为国内领先和国内先进水平，并参与制定行业标准21项。其中，徐建林共取得发明专利7项，"废SCR脱硝催化剂再生技术开发与应用"等4项成果获《河北省科学技术成果证书》，且全部得到转化，年创效6000多万元。此外，徐建林还主持或参与了"纺织品织物硬挺度的测定槽缝法"等2项国家标准、"染色黏胶短纤维"等3项行业标准获准颁布实施。其中，"纺织品织物毛羽测试方法投影计数法"填补了国内外标准空白，达世界领先水平。

◆ 积极实施人才战略　打破"有人无才"难题

徐建林积极践行企业"使用是最大的培养"的理念，"十选十不选"、干部人才管理"双十条"等用人标准，建立了内部人才培训机构宁纺大学核心人才库。对优秀人才，企业坚持"想干事的给机会，能干事的给岗位，干成事的给地位"，大胆把优秀青年人才放到关键岗位，促进了企业发展。近年来，纺织主业陆续完成管理干部调整工作，一把手均由敢闯敢干的青年人才担任，年均效益增速均在15%以上。

近年来，徐建林主持出台了"学历和技能补贴规定"。对于取得本科学历的职工，集团补贴学费的50%，同时提高了学历补贴、职称补贴标准，激发了职工提高专业水平的积极性。规定实施以来，内部学历晋升266人，涌现出涵盖了纺织、食药、染整、环保、机电等工程专业的正高级工程师1人、高级工程师10人、工程师42人、省级及以上专家人才9人，打造了一支以高技能人才为带头人、中高级工程师为骨干的科研团队。

徐建林还主持制订了"人才引进管理办法"，对高学历、高技能人才实行"一人一策""一岗一策"，给予高薪。同时，对引进高端人才的分公司给予一定补贴，有效提高了分公司招才引智的积极性。近年来，累计引进专科以上人才69名、技术专家30多名，打破了长期困扰企业"有人无才"的难题。

◆ 以市场为导向　让创新落在实处

"宁纺的创新都是紧紧围绕市场需求开展的，只有通过充分调研，使创新具备一定的市场前瞻性，才能确保创新成果能够及时转化为生产力，这是我们成功的'秘籍'。"在徐建林的带领下，2019年，宁纺进行了充分的市场调研，认为医护面料市场需求大、发展潜力好，决定开发防水防渗高档医护面料。在高端定位的坚守与攻关下，宁纺用了半年多的时间进行试验和改进，最终面料性能全部优于欧标、国标标准。

"机遇总是青睐有准备的人。2020年初，新冠肺炎疫情暴发，这种面料极度紧缺。河北省工业和信息化厅得知我们具有生产能力后，专门下发通知，要求我们尽快复工生产。"徐建林介绍，仅2020年上半年，宁纺就生产医护面料657万米，取得了良好的社会、经济效益，宁纺还为此被列入全国性疫情防控重点保障企业。

对于创新，徐建林深有体会，总结为：一是牢固树立需求导向。要紧紧围绕市场需求，抓住制约技术提升的"卡脖子"问题，拓宽思路，通过产学研、内部攻关+借才引智等途径予以解决。二是要牢固树立人才意识。科技创新，人才是关键。要把人才培养和稳定人才队伍作为大事来抓，坚持"请进来，走出去"，通过聘请专家、拜师学艺等途径借才引智，夯实人才保障。三是要按照新型工业化的要求，改造提升传统产业。以"专精特新"企业、科技型企业创建为方向，大力提升企业信息化、智能化、数字化发展水平。

"对于宁纺来说，创新的过程就是持续改善的过程，就是以精益的力量激活组织、提升管理，以信息化、智能化助推企业转型升级。一句话，创新就是以科技引领未来。"面对充满诸多不确定性和充满变数的2022年行业发展，徐建林建议企业要以"新型工业化、技术专业化、设备智能化、产品高端化"为方向，推进科技创新，降低生产成本，提升产品档次；要以打造"专精特新"企业、科技创新小巨人企业和绿色工厂为抓手，推进行业由"制造"向"智造"转变；要以"三品"战略为指引，由打造品种优势向品牌优势转变；要加快融入经济国内大循环，构建新的供需产业圈。

创造二次辉煌　书写优异的西柳答卷

海城市西柳服装市场集群提级管理筹备组副组长　杨光

总有那么一些坚守者，用时间、用行动、用眷眷深情向我们证明了"不忘初心，方得始终"的真理性。2013～2023年，杨光和西柳一起见证了西柳纺织服装行业发展的10年风雨历程。从最初的激情到后来的默默坚守，杨光不断为谋划西柳纺织服装业高质量发展、富裕一方人民抛洒汗水、筹划谋虑、贡献积极力量。

杨光

◆ 坚守初心谋发展

西柳服装市场从制售民间第一条商品裤子起步，从无到有、从小到大，历时40余年发展壮大，现已形成以西柳服装市场为核心，近20家规模以上企业、约8700家纺织服装企业为主体，面向国内、国际两个市场，较为完善的纺织服装产业体系。其中，裤装年产能3.5亿条，棉服生产能力达2亿件，市场占有率持续保持全国领先。西柳年纺纱产能3.5万吨，织布染整能力4.3亿米。自主研发的"北派服饰"品牌快速成长，50多个地产品牌被评为"中国服装成长型品牌"。

西柳纺织服装业同海城的菱镁产业一样，作为海城代表性特色产业，是新时期海城县域经济发展的重要支撑。西柳纺织服装业的高质量发展更是推进县域经济发展的根基和关键。但随着时代的发展、社会的进步，过往的优势已逐渐演变成瓶颈，基础设施老化、电商冲击、技术落后、品牌研发、人才匮乏等问题和矛盾日益严重。新时期西柳纺织服装行业如何在新的"赶考"之路上完整、准确、全面地贯彻新发展理念。如何加快推进高质量发展，创造二次辉煌，书写优异的西柳答卷？这是每一个行业工作者的沉重课题。

2013～2023年，杨光先后任西柳市场管委会副主任、西柳服装集团副总经理、西柳镇政府招商事务中心主任、海城市招商集团副总经理、西柳服装市场集群提级管理筹备组副组长等职务，10余年时间，西柳大大小小市场、本地外地企业无不留下杨光辛勤脚步、殷殷身影，加班加点更是家常便饭。杨光从关心、贴心企业、商户生活琐事、生产经营困难，到与企业、商户做朋友，想方设法帮助企业、商户转型升级、拓市场、签订单、谋发展，在一点一滴中，在工作的方方面面，坚守着自己的初心使命，为西柳纺织服装行业发展贡献力量。

◆ 激发市场主体活力

杨光积极参与推进政府建立"政+企"工作模式，实现"政府引导+企业主导"的管理运营体制，以海城市西柳服装市场集群提级管理为契机，参与西柳服装纺织产业集群的规划、投资、发展、建设、管理等事项，为海城乃至辽宁纺织服装行业高质量发展作出积极贡献。任筹备组副组长兼招商集团副总经理期间，杨光与纺织服装业各界代表开展了10余次全覆盖全方位座谈交流和20余次实地走访，梳理汇总共性、个性问题、建设性意见建议20多项，详尽了解和梳理行业发展现状和瓶颈性问题。通过群策群力、对标先进，破解行业高质量发展中存在的问题，建立加快推动纺织服装产业集群高质量发展的动力和信心。

杨光与市领导一起牵头研究制订未来3～5年《西柳纺织服装产业高质量发展实施方案（征求意见稿）》，立足新发展阶段，贯彻新发展理念，建立"政府引导+企业主导"的高标准市场体系，充分发挥西柳纺织服装市场集群巨大潜力，发挥龙头引领作用，激发市场主体活力和发展内生动力，推动纺织服装业增量提质、高质量发展。目前已形成以西柳服装市场为中心，西柳、感王、中小、南台四镇协同发展的东北最大的纺织服装产业集聚区，并形成了集纺纱、织布、印花、服装加工为一体的完整产业链条。

在杨光的建议下，市场开设跨境电商、外贸发展、一般贸易案例分享等极具针对性和专业性课程，线上线下培训外贸企业管理人员近2000余人。同时，大力发展电商网红经济，升级西柳电子商务产业园，建成西柳全品类供应链选品中心，打造云裳西柳电商官方旗舰店，与西柳义乌网批中心、商贸城供应链直播基地形成电商产业集群。并开展经常性的电商业务培训活动，邀请专业电商讲师现场帮助学员掌握短视频制作、直播带货技巧等，满足更多商户的创业需求，共同打造充满活力的纺织服装产业集群。

◆ 实施品牌升级战略

依据国家纺织产业"十四五"规划方向，杨光注重培养龙头骨干力量，发挥龙头企业引领作用，引导辽宁超鹏服饰有限公司等纺织服装企业，由中低端产品向高端品牌转变，提升纺织服装产品的品牌附加值和性价比。

杨光认为，必须通过创新品牌支撑体系建设，引导纺织服装产业集群企业实施品牌战略，提升品牌文化内涵，进一步推动产业集群区域品牌、企业品牌、设计师品牌建设；发挥企业主体作用，加强自主品牌建设，新增酷尔司迪、女王范魅族、胖丫蛋子等地产品牌10余个，53家西柳企业获得"中国成长型品牌"称号；充分发挥西柳棉服、裤业在中低档优势产品市场中的绝对优势，重点培育质量优良、价格适宜、全国知名的大众品牌，提升棉服、男裤、女装等产品的附加值和性价比，推动产品从功能化向时尚化转变；加强品牌宣传，积极扩大市场影响力。利用国内外展会、名优精品推荐、最具影响力品牌推介、上下游产销对接会、平面媒体、网络新媒体等多渠道、多形式、多方位宣传区域品牌和自主品牌建设成果，提高纺织服装品牌的声誉和影响力。

杨光积极助力企业与高校开展合作，培养产业人才，为企业注入新鲜血液，为产业提供新发展机遇。先后推动企业与鞍山师范学院外国语学院、辽宁广告职业学院等专业院校签订"建设大学生实习实训+就业基地"的合作协议，为校企双方在人才培养、项目合作、招聘就业等方面的进一步合作搭建有效平台，促进形成校企协同育人机制，实现共同发展，助力校企培养更多实用型、复合型人才，为切实打赢新时代"辽沈战役"海城之战做好纺织服装产业人才支撑。

◆ 高水平招商补足产业链短板

杨光调动各种招商引资的资源和力量，采取"以商招商、产业链招商、供应链招商"等多种招商形式，积极组织引领企业走出去，参加各类广交会、服博会、洽谈会，组织召开各类招商会、洽谈会，吸引外地纺织服装企业落户海城，以加快补足海城纺织服装产业的链条短板，推进纺织服装产业发展实现新突破。

以延链、补链、强链为重点，在杨光带领下，西柳着力打造亲商、安商、便商环境，强化服务理念，提升服务质量。开展纺织服装产业集群龙头领跑行动，在融资、用地、人才、对外合作、品牌创建等方面给予重点支持。用优惠的政策和优质的服务吸引更多的外地人来西柳投资兴业，共同促进产业集群繁荣。不断释放西柳作为东北地区唯一的市场采购贸易试点单位的试点政策红利，实施通关一体化，大力扶持西柳本土纺织服装加工企业出口。

目前，西柳服装市场采购贸易已经覆盖119个国家和地区，打通了中东欧、南美、北美和非洲各大市场，出口货物涵盖棉服、男裤、皮革和纺织等众多品种，供货商达到6101家。

西柳服装市场坚持"走出去、引进来"战略，大力发展展会经济，参与举办的鞍山（海城）国际消费品交易会（西柳市场进出口商品交易会）、中国（东北）纺织品印花及制衣工业展览会等大型高规格展会，累计邀请50多个国家和地区及国内各大专业市场近千名国内外贸易商、采购商参加。扶持圣兰翔、龙戈尔等30余家地产品牌企业参展服博会、广交会、进博会等国内知名展会。先后参与组织外贸企业参加匈牙利国际消费品展暨中国品牌商品（中东欧）展览会、中国国际服装服饰博览会及东北亚、中西亚、中东欧国家举办的各类展会，以及边境口岸城市举办的各类展贸活动，以不断拓展市场贸易渠道。积极协调主流媒体栏目、记者走进市场、工厂和直播间，宣传本土品牌、推介优质产品，让更多人了解西柳、走进西柳，广泛为西柳纺织服装品牌宣传造势。

诚然，个人的力量是有限的，但从来都是涓涓细流汇成大海。恰恰是像杨光这样一个又一个、一批又一批执着奋进的普通工作者，凝聚起蓬勃力量，牢记全心全意为人民服务的宗旨，勇于担当，干在实处，走在前列，以实现中华民族伟大复兴为己任，不辜负党的期望、人民的期待，脚踏实地，做好本职，为建设祖国建设家乡筚路蓝缕、尽心尽力、勇往直前。

坚守匠心　打造中国的民族品牌

欣贺股份有限公司设计总监　杨玥

欣贺股份有限公司是国内高端女装品牌龙头企业之一，于2020年10月26日在深圳证券交易所主板A股挂牌上市，年产值近30亿元，年纳税额超2亿元。公司一直深耕高端女装市场，始终专注于打造中国自主的高端女装品牌，主营Jorya、Jorya weekend、恩曼琳（ΛNMΛNI）、Givhshyh、Caroline、Aivei等多个自主品牌女装的设计、生产和销售，建立了基本覆盖全国的线下线上的销售网络体系。

杨玥作为公司核心品牌Jorya的设计总监，坚持品牌原创及品牌自20世纪90年代初创立以来的DNA特性，主打精致、优雅的设计风格，以独特的产品风格获得了目标客户的高度认可和市场地位。在2022年国内消费水平较为低迷的情况下仍实现了Jorya品牌营业收入7.12亿元，占集团总收入的41.2%，净利润占集团的65.7%，同时也带动了公司其他品牌的良性发展，形成了风格多元化、价格差异化的多品牌矩阵。

杨玥

◆ 不断学习　提升个人专业技能

杨玥从小就树立要做一名知名服装设计师的梦想，自入职以来，她以孜孜不倦的学习精神以及对服装设计的浓厚兴趣和饱满热情，利用个人业余时间，快速熟识各种布料辅料、服装制作工艺、流程等，学习并提升色彩、搭配、面料、打板、调板等设计和制作工艺，她始终坚信设计是服务于生活、源于生活的，生活中的点滴都是灵感，在日常的工作和生活中不断发现设计创意和创作灵感，通过几年的专业学习她的专业素养得到迅速提升，这也让她不断提升自我、始终保持与时俱进。

她的专业技能、人格魅力得到了公司领导和客户的认可和赞誉，在2012年她被公司董事会委任为卡洛琳（Caroline）品牌的设计总监，并于2016年被任命为公司主打品牌Jorya的设计总监，带领着60余名研发设计团队成员将Jorya逐步打造成为中国女装的高端品牌，并荣获原国家工商行政管理总局授予的"中国驰名商标"称号。

◆ 坚持自主设计　重视品牌研发和创新

设计是品牌服装的核心竞争力，杨玥把控、引领好Jorya品牌的设计方向，带领着设计团队坚持独立自主设计，秉承时尚创新理念，在坚持品牌DNA的基础上不断创新，注重消费者的消费理念变化，以市场流行趋势为辅助力量，将Jorya品牌细分为职业、浪漫、经典、高级休闲、高定等不同风格，为消费者打造出具有品牌个性化、精品工艺品质、富有认同感的Jorya品牌文化，通过清晰独特的品牌风格、良好的品牌价值，Jorya成为消费者日常消费中不可或缺的部分，真正实现服装设计源于人的生活这一设计理念。

杨玥带领研发技术团队独家开发出Jorya品牌特有的蕾丝刺绣、原创性的品牌产品辅材如扣子配饰等，引进米兰秀场当季世界奢侈品牌等大牌面料，并攻克一个又一个技术难题，形成品牌特有的、其他品牌很难抄袭模仿的精工细节；同时，规范设计开发管理流程，激发设计开发人员积极性，并把创新精神植入品牌设计每个岗位，全方位提升公司品牌设计技术及研发能力，为品牌提升、成本降低、新产品工艺开发等方面作出突出贡献。

◆ 潜心钻研　带领团队共同成长

女装行业的消费者品位，多元化且女装产品具有款式多、变化快的特点，杨玥自成为品牌设计团队带头人以来，通过深入研究和了解国内外市场的变化趋势，以时尚元素为主题，从面料及辅料市场的品种流行色彩开始，结合个人独特的设计开发能力和多年的实践经验，带领设计团队一起寻找市场时尚元素，准确把握女装流行趋势和消费者的需求变化，不断开发新的适销产品。其间，鼓励团队成员提出各类新型创意、提出各类制作工艺改善方法等。

在日常工作中，杨玥经常与设计团队成员共同探讨、共同挖掘灵感，深入挖掘职场、休闲、茶歇、运动、晚宴等不同生活场景的服装需求，不断完善提升品牌的设计想法，进一步丰富品牌产品线，形成品牌独有的设计风格，推进一衣多搭、多场景穿搭LOOK等产品研发理念，精益求精，每季推出近200款产品，以有效覆盖至不同的消费市场。

除了做好设计主导工作，杨玥还积极带领设计团队与品牌生产、品牌业务等部门密切合作，充分发挥设计团队的带头作用，及时跟踪时尚潮流趋势，深度分析销售数据，研究客户喜好及市场倾向，突出品牌设计风格，做好品牌产品的技术评审和品质把控，从而降低产品质量和设计风险。

◆ 坚守匠心　打造中国的民族品牌

杨玥凭借独具巧思的设计和精益求精的工匠精神，在不断突破和自我超越中，诠释着一位设计大师的实力与魅力，在一针一线、一丝一缕中成就设计之美、匠人之美。

特别是在Jorya品牌的高定系列中，杨玥对所有设计的细节要求精致，如对客户进行客制化专版染色、特异性蕾丝花样排版和独特的布料开发等，诠释出女性多元的魅力，赢得了客户的赞誉。Jorya的众多品牌系列也在各大电视荧幕和网络平台中大放异彩，凸显了中国品牌的原创精神，向更多人展现了中国品牌的风采。

"一带一路"上的"蜡染明珠"

浙江宝纺印染有限公司执行董事　虞少波

屋顶下藤蔓缠绕，假山间流水潺潺，往深处走，一盏盏景观灯在树干间闪烁着亮光，树荫下随处可见供人休息的三人座长椅……步入浙江宝纺印染有限公司（以下简称宝纺）的生产车间，恍如迈入一个"大花园"。"管理好车间就抓牢了产品质量。""80后"执行董事虞少波说。近年来公司先后投入近亿元对生产车间进行了大刀阔斧的升级。除了生产环

虞少波

境的改善，公司的蒸化、印染、定型、洗涤等生产线全部进行了绿色化、智能化改造。技改后的公司能耗降低了50%左右，效益提升了30%。

作为中国印染行业龙头企业，宝纺创建于2002年，是一家集研发、生产和销售于一体的科技型、环保型印染企业。主营非洲民族服饰——蜡染印花布，年生产能力4亿米，年出口集装箱超1800个，年出口额超1亿美元，年销售额超10亿元，是目前国内乃至全球最大的蜡染印花布生产基地之一。董事长、创始人虞宝木获得"2018中国纺织行业年度创新人物""全国纺织行业劳动模范"等殊荣。在父亲敬业深耕、言传身教的影响下，留学归国的虞少波也积极投身到纺织印染行业中。

◆ 坚持"绿色、时尚、科技"高质量发展

作为宝纺首席执行董事，虞少波坚持"绿色、时尚、科技"高质量发展。一方面，淘汰以松香为原料，高能耗、高污染的生产线，研发出颜色更鲜、手感更好、透气性更强、性价比更高、东西非市占率最高的蜡布新产品，获得2020年度中国印染行业优秀面料一等奖；另一方面，组建百余人研发设计团队，保护自有知识产权，开发新花型以引领市场潮流，提高品牌附加值；主导设计研发的双幅双层水洗设备

与自动贴标及检验设备，因省水、省汽、省电、减员、减排效果达50%以上，以"高效节能仿蜡染印花布后整理技术"立项，获得《第十五批中国印染行业节能减排先进技术推荐目录》，拥有发明专利、软件著作权、实用新型专利超50个；此外，领导企业数字化建设，陆续引进了自动调浆、贴标、染化料配送系统，自动化减员增效，同时打造全车间ERP/MES系统集成的智慧工厂，实现生产全流程的实时可控与能耗数据三级采集分析，获评浙江省"专精特新"中小企业、省两化融合示范试点企业。

作为宝纺研发负责人，在企业面临市场竞争极端困境时，虞少波敢于壮士断腕技改研发，在传统的全棉真蜡印花工艺基础上，简化了印蜡、蜡纹、甩蜡、退蜡等一系列高能耗、高污染、低效率的生产流程；在印花工序上，由最初的窄幅换成宽幅，实行一网两制，节能40%，同时调整制浆、描稿、制网工艺，保证双面渗透效果；在前道工序上，通过改造切边设备，定型拉幅后直接切边，不仅实现了门幅稳定，更节省了整条切边工序，进一步节省人员；在新工艺研发创新上，进行金银粉及珠光印制，改二次印制为一次印制，并通过色浆助剂起到柔软作用，蒸化水洗后棉质感更强。在虞少波的领导下，企业有130余人的研发队伍，每年实际运行研发（RD）项目不少于10个，年均研发投入不少于4000万元，先后获得国家高新技术企业、绍兴市研发中心、绍兴市技术中心、绍兴市工业设计中心、浙江省高新技术企业研究开发中心认证。

◆ 做精做专非洲民族服饰

作为宝纺品牌运营官，虞少波延续了老虞总自主经销的经营理念，不同于大部分印染企业来料加工的经营模式，宝纺多年来坚持自主经销，出口比例超80%，积极响应国家"一带一路"倡议，坚持做精做专非洲民族服饰——蜡染印花布，以"绿色高端、世界领先"为目标，差异化竞争、国际化发展，是柯桥区众多印染企业中最早坚持自营出口且出口量最大的制造企业。

早期，宝纺采取"走出去"战略，在非洲尼日利亚、多哥、加纳、科特迪瓦等国家建立办事处，设立海外仓，直接把产品输送到市场，打开了市场销路，取得了品牌效应，为自营出口奠定了坚实基础。2018年，为强化风控、转型经营模式，宝纺撤回了最后一个经营了10多年的海外办事处，以"做好产品、搞好服务"为新思路，与实力雄厚、诚信经营的国际贸易经销商强强联合，从原先以尼日利亚为中心，以贝宁、多哥、科特迪瓦等少数西非国家为主要市场的销售格局，延伸到肯尼亚、坦桑尼亚、刚果、乌干达等东非各国，且在西非市场深耕，发展到布基纳法索、马里、几内亚、塞拉利昂、加蓬、安哥拉等30多个国家和地区，并一路向南到南非，初步构建了多元化的销售网络。

在虞少波的领导下，宝纺年出口集装箱超1800个，出口创汇超1.2亿美元，自创品牌"BAOFANG"、注册于坦桑尼亚的"STAR OF AFRICA"品牌是浙江省出口名牌、中国驰名商标，畅销非洲30多个国家及地区。

◆ 全面升级的数字智能工作

作为企业数字运营官，虞少波主导了企业全面升级的数字智能工作。宝纺从2020年起，投入超500万元，有计划地分步实施了ERP一期、二期及MES系统，能源采集系统、染化料称量系统、助剂配送系统、染缸中控系统、智能整纬系统、成品检验系统、数据采集分析系统等数字化关联系统，逐步整合到ERP平台中，并开发了应用程序（App）与微信小程序，实现了移动端数据实时查询与管理。目前，宝纺已完成销售订单、生产计划、生产工艺执行、成品仓管控、发货单证的一条龙数字化管理流程。在成本分析方面，能源数据三级管控自动采集，染化料助剂的配送使用统计，实现了单位订单的实时成本分析，通过大数据比对管理降低用量成本。在生产方面，同步把生产工艺明确到车间机台，生产流程工艺执行数据全流程管控，实现了现场管理的实时监控、全员参与的数字化管理模式。通过数字化项目的实施，已实现显著的节能效益，其中用水平均单位耗用降低20%，年平均节约达25万吨；用电平均单位耗用降低15%，年平均节约达600万千瓦时；蒸汽平均单位耗用降低10%，年平均节约达2万吨；天然气平均单位耗用降低25%，年平均节约达350万立方米；污水平均单位耗用降低20%，年平均节约达30万吨。同时，通过数字化运营，规范了企业的管理流程，加速了车间工序流转，积布超过一定时间会自动预警，缩短了生产周期，降低了部门与部门之间的沟通成本，提升了从销售、技术、生产到出库各环节的管理成本。

设备智能化改造实现了生产的全流桎监控，通过溯源管理稳定提升了产品质量，也大大提升了客户满意度。在虞少波的主导下，企业在行业中树立了一个通过数字化改造实现节能降耗管控体系的应用案例，具有巨大的实际应用价值和推广示范作用，已有多家同行、部门考察交流，一定程度上提升了行业企业数字化转型的信心与决心。

◆ 重视企业文化与民生工程

作为爱厂如家、以人为本的企风、家风传承人，虞少波非常重视企业文化与民生工程。一方面，耗资2000余万元打造花园式车间、公园式工厂、社区式家园，在车间栽树、种花、养鱼，提供独树一帜的工作环境；在员工宿舍配备健身房、影音室、桑拿洗浴房、室内室外儿童游乐场、篮球场、阅读室、棋牌室、乒乓球室、桌球室，营造宜居的生活环境，解决老人小孩后顾之忧。另一方面，致力于员工福利的多样化建设，为全体员工提供每年至少一次的团建旅游、每月至少一次福利发放、员工子女高等教育助学金等项目。同时，为员工提供高级技工、技师、6S 管理、职业健康与安全、数字化等全方面的职业技能培训，提升员工的职业认同感和获得感，现已培训高级技工600余名，技师96名，获得全国纺织行业技能人才培育突出贡献单位、全国纺织劳动关系和谐企业、全国纺织行业"专精特新"中小企业等荣誉。

作为"企二代"，虞少波始终以"百年企业、世界品牌"为愿景，以"品立宝纺、质行天下"为宗旨，深耕非洲市场，追求精益求精，努力为非洲人民做出性价比最高的产品，为客户交付蜡布细分领域最佳的品牌与品质，牢记中国纺织工业联合会孙瑞哲会长"不忘富国强民初心，牢记产业振兴使命"的嘱托，为中国纺织高质量"一带一路"建设贡献自己的力量。

成为市场发展的领跑者

江苏金太阳纺织科技股份有限公司执行董事　袁红星

江苏金太阳纺织科技股份有限公司（以下简称金太阳）是一家以家纺面料为主，集研发、销售、服务为一体的集团化家纺配套企业。作为联合创始人及执行董事，袁红星用10年的时间带领金太阳从千万产值跃升为十亿级企业，使公司成为中国家纺面料行业佼佼者。经过20余载的经营，现如今，金太阳已成为家纺面料行业的龙头企业。

袁红星

◆ 从一根纤维到一件家纺产品

金太阳成立于2000年11月，系"国家级工业设计中心""国家知识产权示范企业""全国版权示范单位""国家级高新技术企业"，公司深耕中国家纺行业20余年，建立了"从一根纤维到一件家纺产品"的全流程设计研发和全产业链供应链优势，在家纺行业享有较高的知名度和美誉度。近三年，公司整体经营业绩良好，经中国家用纺织品行业协会测定，在国内同类企业中销售收入及市场占有率均位列全国第一。

在袁红星多年的辛勤培育下，金太阳（GOLDSUN）商标成为中国家纺面料行业第一个由国家市场监督管理总局认定的"中国驰名商标"。经中国家用纺织品行业协会测评，公司自2013年以来销售额及市场占有率在同行业领域均位列全国第一。金太阳是全国首批被工业和信息化部认定的26家"国家级工业设计中心"之一，也是同行业唯一一家国家级工业设计中心。金太阳是全国同行业拥有自主知识产权量最多的企业。

袁红星深谙行业发展之道,力求以创新思想经营企业、开发产品。为顺应家纺面料规格的国际化,改善中国老百姓床上用品的品质,袁红星带领公司研发团队,同时推动全国最有实力的十余家战略供应商,将国内家纺面料由窄幅转为宽幅,此举打开了中国家纺面料的"宽幅时代",也为中国家纺产品打入国际市场、集约化生产创造了先机条件。2009年,他敏锐地捕捉到国际上新型再生纤维素纤维的广阔市场,于是他立即决策并带领研发团队,拉开了与国际再生纤维素纤维巨头奥地利兰精公司的合作序幕,成为中国首家将"Tencel"纤维引入家纺面料中的企业,如今"Tencel"已成为除棉纤维外第二大用量纤维,每年交易额达到数百亿元。而袁红星在业内创立的"以轻资产、主抓创意设计与研发、资源整合型经营模式"成为政府、行业甚至是商学院教授推崇的经营模式。产业链各环节实现采购、生产、品控、物流一体化运营,在供应链端为客户提供定纺、定织、定染的差异化增值服务,深受客户信赖。

◆ 提升公司自主创新能力

金太阳更注重的是自身综合实力及创新能力的培养。在科技创新能力提升方面,公司围绕消费者需求,针对行业共性技术难题展开项目研究,助推行业技术整体提升。金太阳每年用于设计研发的资金投入均不低于当年主营业务收入的3%。目前,金太阳拥有设计研发人员100余人,其中硕士以上学历者约10人,大专以上学历者占96%以上。公司重视科研资源的整合利用,目前已经与上海市纺织科学研究院、苏州大学、鲁迅美术学院、北京服装学院、天津美术学院等近十所高校和科研机构建立了产学研合作关系,进一步强化了企业科研实力的内涵和外延。

近三年,公司研发创新成果硕果颇多。2020年,公司开展研发项目14项,其中有5项研发项目通过由江苏省工业和信息化厅组织的新产品新技术鉴定,申请发明专利18件、实用新型专利11件;同年,授权发明专利9件、实用新型专利17件、成功登记282件版权作品。近五年,公司新获"国家知识产权示范企业""江苏省专精特新中小企业""中纺联十大类创新产品""中国专利奖优秀奖"等多项荣誉。

袁红星认为"科技创新是企业的灵魂",金太阳只有坚持以设计研发创新为企业核心竞争力,才能驱动企业长期稳定的发展。公司每年开发新产品8件以上、设计花型2000余件,设计研发成果约80%实现成果转化。金太阳家纺面料应用于下游家纺成品的制备,每年可推动下游客户实现销售收入约200亿元。同时,针对国内家纺产业同质化严重、产品缺乏自主创新、附加值低等现象,袁红星提出,以"推动纺织科技进步,助家纺品牌企业永续经营"为企业使命,推崇并落实对客户的专有化设计服务。金太阳基于产业链中间枢纽环节的特殊定位以及自身强大的设计研发实力，为客户提供量身定制的专有化提花设计服务、印花设计服务、款式设计服务等，促使客户产品差异化，提升客户的品牌价值。

◆ 以突破行业共性技术难题为己任

在袁红星的指引下，公司自成立以来，一直坚持以科技创新为企业核心竞争力，并以突破行业重大技术瓶颈为己任。近年来，公司的科技创新，实现了中国家纺面料行业很多零的突破，是业内首家成功实现莱赛尔纤维、亚麻、竹代尔等纤维素纤维在家纺产业的应用开发和转化的公司。公司的科技创新也解决了行业许多共性技术难题，如秋冬磨毛类家纺面料的脱毛率问题，作为行业龙头企业的领军人才，袁红星带领设计研发团队，成功开发了一种防止纤维素纤维磨毛面料绒毛脱落的整理液及其整理方法，并申请了技术专利。还成功开发了系列磨毛产品，该产品手感柔软、毛羽细腻，且脱毛率低，能给消费者营造安静、无尘的健康睡眠环境。

金太阳的设计研发均围绕当下消费者对产品生态性、舒适性的需求展开。2015年11月，金太阳面向行业首次提出"深睡眠微环境"健康床品面料，该项研究从影响消费者睡眠微环境的五大因素（温度、湿度、清洁度、触感、安全性）展开，项目产品的成功上市，是行业的又一次创新突破。金太阳公司所有设计研发均围绕绿色生态展开，所有产品均通过国际生态纺织品oeko-tex 100认证，通过中国棉纺织行业协会的"无PVA织物"认证。公司作为行业龙头企业，对于带动相关企业注重环境保护具有积极作用。

◆ 以人为本构建驱动转型发展大平台

目前，一方面，随着南通家纺城品牌企业的不断崛起，带动专业家纺市场发展壮大，市场集聚效应明显增强；另一方面，与此相对应的南通家纺产业在产品的文化创意设计、产品的科技研发、人才集聚及培训、家居文化等配套服务设施相对缺乏，与产业发展的适应性不够，影响了南通家纺产业核心竞争力的提升。金太阳努力打造良好的企业文化，始终把人才作为公司最大的资源和最宝贵的财富，坚持全心用才、真心留才，并不惜重金聘用人才和培训人才，从而集聚了一大批纺织营销、研发、管理等专业的优秀人才。在人才的选育用留上，袁红星推动出台一系列的中长期人才激励政策，以共同事业为核心，整合人才，共创事业。截至目前，包括公司外贸产品生产基地在内，关联公司共直接解决社会就业人口达1000余人。

　　基于这一背景，并依托金太阳在家纺行业及地区的龙头影响力，袁红星提出打造一个在全国乃至全球定位的集文化创意设计、产品研发、人才培训、成品展示于一体的高端家纺文化创意园——纤意坊文化创意产业园。该项目的建设以打造"家纺新城国际化中高端配套服务综合体"为目标，可极大提升家纺新城各项产业配套服务需求，对南通乃至中国家纺产业转型升级都具有重要意义。

坚持发展实体产业不动摇

三阳纺织有限公司董事长　张尧宗

三阳纺织有限公司（以下简称三阳）董事长、总经理张尧宗作为公司元老，十几年如一日，勇挑重担，爱岗敬业，锐意进取，为三阳由一个成立之初不知名的地方企业，发展成为中国纯棉高支漂白纱线精品基地、高档面料生产基地、国内最大的专业股线生产基地的中国棉纺织行业二十强企业立下了汗马功劳。

张尧宗

近年来，纺织行业瞬息万变，企业面临的经营压力不断增加。企业外部，影响行业发展的新政策、新法规陆续出台，转变经济增长方式、严格的节能减排对棉纺织业行业的发展产生了深刻的影响；企业内部，产业链各环节竞争、技术工艺升级、出口市场逐步萎缩、产品销售市场日益复杂等问题，都是企业决策者必须面对和亟待解决的。面对一系列难题，张尧宗审时度势，始终专注于以"发展战略"统领发展共识，坚持发展实体产业不动摇，致力于以"转调并重"掌握发展步伐，围绕打造"国内领先的高端纺织产业基地"的目标不放松，描绘了项目建设日新月异、产业升级突飞猛进的宏伟画面。他始终悉力于以"机制优化"提升发展质量，坚持推进市场化机制建设不走样，创新模式、整合资源，构筑部门协作同频共振、经营管理绩效至上的坚实平台。始终尽心于以"外查内省"梳理管理架构，强化规范管理不松懈，刚柔并济、法度结合，形成了自主管理活力迸发、创新发展激情涌动的良好局面。在张尧宗的带领下，三阳公司上下齐心，紧密配合，各项工作均取得了长足的进步和发展。

◆ 产学研结合　力推"互联网+"模式

张尧宗重视产学研结合和对外技术合作，加大对技术领先、市场前景广阔、附加值高、生态环保等项目的调研分析，目前公司东营综合保税区气流纺原棉加工项目、越南投资倍捻项目、利用粉煤灰、煤渣生产装配式建材等项目将成为公司发展新的增长点。稳步推进产、学、研工作，强化与东华大学、青岛大学等高等院校和科研机构的合作，2022年，公司共收到专利证书11项，其中发明专利7项、实用新型专利4项。现正在申请的专利共17项，其中发明专利14项、实用新型专利3项。公司被国家人力资源和社会保障部、中国纺织工业联合会联合认定为"全国纺织工业先进集体"；顺利通过市级和省级工业企业"一企一技术"研发中心认定；智能纺织数字化车间项目进入山东省数字经济重点项目名单；数字化车间智能升级改造项目被选为全省轻工纺织行业数字化助力"三品"行动典型案例；晟阳建材顺利通过"高新技术企业"认定，并获得了东营市和山东省"专精特新"中小企业荣誉称号。

张尧宗提出，把"开源节流、堵塞漏洞"列为2022年度工作重点，合理调整品种结构、拓宽销售渠道、减少内耗、杜绝不必要的开支，同时砍预算、砍机构、砍人手、砍库存、砍采购成本、砍劣质客户、砍日常开支、砍会议，经核算，2022年公司各项费用较往年约1.12亿元，成效显著。

张尧宗力推"互联网+"模式，用互联网思维提升传统行业竞争力，2016年10月，三阳纺织生产在线智能化系统（MES系统）项目实现全面上线，该系统上线运行后，实现了企业产量、效率、工艺、质量、设备等数据信息的精准统计、全程实时在线监控、智能排产及分析，大幅提高了企业劳动生产率和智能化管理水平。

◆ 以人为本　维护员工权益

张尧宗时刻向各层级管理人员传递"用文化管企业、以文化兴企业"的理念，积极践行社会主义核心价值观，以人为本、全心全意依靠职工办企业，维护员工权益；每年都组织开展"最美三阳人"评选、大型文艺演出、职工技术比武等丰富多彩的文体活动；定期组织安排员工外出培训，提升了员工综合技能素质；每年均组织优秀职工外出旅游，激发了职工干事创业、奋力争先的积极性。2022年，公司以开展丰富多彩的文体活动作为企业文化建设的载体，以"三阳是我家，我爱我家"的企业文化作为开展各项活动的主线，真正达到了文化认同、情感留人的目的。通过"金点子工程"，全年共计收集到可推广的"金点子"98个，发放奖励金额14200元。

各公司、部门参与"金点子"活动的积极性、主动性不断提高，真正做到群策群力、广纳良言，征集好建议、好点子，推动公司持续健康发展。

通过积极拓宽先模选树渠道，为员工提供更加广阔的平台，三阳积极联系工会系统和人社系统，积极进行先锋模范选树工作，其中生技部张生荣获省轻纺行业"金牌职工"称号，全年公司共评选出"金牌员工"2人、"银牌员工"4人、"铜牌员工"11人，王树花等39名优秀职工因在全县纺织职业技能大赛中表现突出受到利津县总工会、县人力资源和社会保障局的联合表彰，其中，扈廷国、刘伟波、李春梅、赵振南、孟凡岩5名同志被授予"利津县五一劳动奖章"荣誉称号。

◆ 反哺社会　发展区域经济

张尧宗在带领三阳快速发展的同时，还积极反哺社会，把区域经济发展作为公司的大事来抓，积极安排周边群众到企业就业，进行职业技能培训，探索拓宽增收致富渠道；每年进行爱心捐款，走访困难群众；为更好地落实国家精准扶贫政策，在张尧宗的组织下，三阳拿出300万元成立了扶贫基金会，对贫困群众进行持久帮扶。"精准扶贫"被三阳列为重要议程。近年来，三阳积极响应当地号召，认真参与精准扶贫活动，并与汀罗镇汀河三村结成精准扶贫帮扶对子。通过现场调研并对相关政策进行学习了解，三阳决定在汀河三村文化广场安装15千瓦分布式光伏并网发电项目。谈起该项目的优势，张尧宗如数家珍："充分利用了闲置屋顶，对屋面二次开发，不仅不占用土地，而且能够为农户带来稳定的资金流收入。"

三阳充分发挥自身作为棉花产业链龙头的优势，联合少数民族群众成立了利津县三阳泰丰棉花少数民族农民专业合作社，为少数民族农户免费提供优质棉种，以低于市场价10%的价格提供肥料、农药、地膜，以高于市场价5%的价格收购社员籽棉，带动服务少数民族群众100余户。

新形势下，张尧宗决心以党的二十大精神为指引，创新工作思路和方法，突出重点、抓好落实，不忘初心、牢记使命，迎难而上、开拓进取，为把三阳建设成为一流管理、一流产品、一流服务和一流企业文化的先进企业，为推动地方经济发展作出更大的贡献。

推动羊绒产业"织"上加"智"

清河县羊绒小镇综合管理中心主任　王忠杰

参加工作以来，王忠杰立足岗位职责，开拓创新，在羊绒产业科技创新、产品开发、品牌培育、人才培养等方面取得了众多开创性、标杆性的工作成果，为羊绒小镇和清河羊绒的发展作出了突出贡献，多次被行业协会和有关部门评为"先进个人""行业领军人物"。

王忠杰

◆ 持续推动科技创新

2015年，羊绒小镇联合武汉纺织大学、天津工业大学、河北科技大学、河北宏业羊绒有限公司等9家院校企业共同组建河北省羊绒产业技术研究院，王忠杰任常务副院长。2016年3月，河北省羊绒产业技术研究院顺利通过河北省科技厅验收，成为省科技厅直属科研机构，也成为河北省唯一一家以羊绒产业为科研主题的省级技术研发机构。在王忠杰的带领下，研究院针对产业薄弱环节开展应用技术的研发与推广，承担了省级科研任务3项，完成了自动装袋机、新型分梳机、羊绒溯源认证体系等一批自主研发项目，并取得了发明专利4项、实用新型专利12项，推动了羊绒关键技术的转移转化，极大地促进了中小羊绒企业的提质增效。

以河北省羊绒产业技术研究院为平台，王忠杰大力引进高层次人才，服务本地产业发展。2019年底，"多维康院士专家工作站"在羊绒小镇成立，与东华大学周翔院士及其团队签署项目合作协议，对有效利用山羊绒资源开展关键技术研究。周翔院士长期从事纺织化学与染整工程领域的教学与科研工作，是纺织化学与染整工程专家、东华大学教授，还是生态纺织教育部重点实验室学术委员会主任。2020年，该工作站成功申报河北省科技厅发布的"河北省创新能力提升计划项目（院士工作站建设专项）"科研任务。

清河羊绒产业智能化提升改造是未来科技创新工作的重点。为此，羊绒小镇联合羊绒服饰龙头企业河北中汇纺织有限公司建设了清河羊绒智能针织工厂。该工厂总投资额1600万元，场地面积约1500平方米，购置了全球最先进的日本岛津一线成衣电脑横机3台、国内最先进的慈星事坦格一线成衣电脑横机5台，以及数控中心、自动洗衣机、智能烫衣机等一系列新型智能制造软硬件设施。智能针织工厂以商业智能看板为载体，辅以滑轨电视、智能中控系统，能够把企业的经营和生产行为全部集成，以信息数字技术进行可视化呈现；同时，还包括量体服务、App下单、编织过程信息化展示等量体定制功能，能帮助企业拓展C2M模式的个性化服饰定制服务。智能针织工厂自2020年3月开始建设，于2021年9月完工并启动运营，累计为100多家中小服饰企业提供了羊绒制品定制化生产服务，年生产绒毛制品8万件，成为行业内智能化改造升级的示范案例，带动了清河羊绒商业形态的全面升级。

◆ 注重研发产出

以河北省羊绒产品技术研究院、院士工作站、羊绒小镇研发中心为引擎，王忠杰作为项目负责人，带领多个研发团队，围绕机械设备、服装设计等关键技术环节，开展应用技术研发与推广，累计取得"一种纳米原位复合反应型有机硅改性阳离子水性聚氨酯的制备方法及其产品""一种羊绒海洋细胞混纺纱线的生产工艺"等发明专利4项、"一种羊绒装袋机收口装置""一种粗纺梳理机立轴牵手系统"等实用新型专利12项。自主研发了自动装袋机、新型分梳机、羊绒溯源认证体系等新产品，并且已经完成了产业化推广普及。引进消化"空吸式分梳改造技术""新型梳毛机"和"新型环锭细纱机"等4项关键技术，并无偿授权企业使用。联合中国十佳服装设计师林姿含团队，为企业免费提供新款服饰设计1000余款；联合中国畜产品流通协会，发布了"2024/2025中国羊绒秋冬流行趋势"；联合中国针织工业协会，发布了"2024/2025中国针织纱线流行趋势"。

2023年以来，羊绒小镇组织12家羊绒企业参加2023中国国际服装服饰博览会（春季），同时举办"数智清河　绒尚未来——2023中国清河发布"专场发布会，面向全国观众推介"清河羊绒"区域品牌、清河电商发展成就及清河羊绒企业原创服装。组织"红太"品牌亮相中国国际时装周，并举行了主题为"莲"的"清河羊绒"专场发会；组织7家羊绒企业参加2023中国国际服装服饰博览会（秋季）；组织河北朗坤羊绒有限公司参加中国国际时装周（秋季），并举行了主题为"动能'多巴胺'"的专场发布会。

2023年，羊绒小镇组织的10家羊绒企业共计21项产品被中国毛纺织行业协会评为全国"2023金典毛纺织名优精品奖"。羊绒小镇推荐的炳麟、启超、百牧羊等7家清河羊绒原创品牌被中国纺织工业联合会流通分会评为"中国服装成长型品牌"。

王忠杰历来注重本地专业技术人才的发掘培训，相继建设了无界创客咖啡、新电商赋能中心的人才培训平台，开展常态化电商人才培训，为网红直播经济提供强大的智力支撑。自2022年以来，羊绒小镇通过各种形式共培训电商直播人才3000余人次，引进高级电商直播人才260余名，培育培养拥有粉丝10万人以上网红人才120余人。

王忠杰联合专业院校开展羊绒产业技术培训。王忠杰代表清河羊绒产业技术研究院，与武汉纺织大学签署合作协议，组织举办了4期清河县羊绒产业专业技术培训班。培训班邀请了武汉纺织大学化学与化工学院副院长陈飞飞、武汉市生态染整与功能性纺织品工程中心主任权衡、天津工业大学教授马崇启现场授课，围绕清河县羊绒产业分梳、染整、纺纱、针织等环节，开展基础理论和生产实践培训。培训期间组织了南冠、宇腾、多维康等30多家羊绒企业200人次参会学习，力争为清河羊绒打造出一支适应现代产业发展需求的、具有较高专业理论水平和较强专业实践能力的"能工强匠"队伍，打造高层次人才集聚平台。